ライフサイエンス

論文作成のための
英文法

編集／河本　健
監修／ライフサイエンス辞書プロジェクト

羊土社

まえがき

生命科学分野の論文で使われる英語はそれほど難しいものではないが，そこには小説や映画で使われる英語とは異なる特有の言い回しが多く含まれている．そのため論文を執筆するためには，論文でよく使われる単語や表現法に習熟することがとりわけ大切である．昨年出版した『ライフサイエンス英語類語使い分け辞典』は，このようなときに書きたい内容に最適な単語を類語のなかから見つけ出すためのものであった．さらに，個々の単語の使い方については，『ライフサイエンス英語表現使い分け辞典』に詳しくまとめてある．この2冊を駆使すれば，論文を執筆するために必要な情報の多くを得ることができる．

しかし，これらをうまく使いこなすためには，やはりある程度の文法力，特に，単語の用法についての理解が必要とされる．そこで，論文執筆において重要な英文法上のルールをまとめたものが本書である．英語論文を書くうえで英文法の知識は必須のものであるが，高校時代に習った英文法のすべてを覚えておかねばならないわけではない．論文執筆のためには，論文で使われるルールだけがわかれば十分であろう．

例えばinvolveは，科学論文で非常によく使われる単語である．involved inの用例が多く，be involved in（～に関与する）の形で覚えておくことが肝要であろう．しかし，これはイディオムといえるほど結び付きが強いものではない．consist ofやaccount forなら立派なイディオムだが，involveは他動詞でもあり，involved inがそれほど特別なものとはいえないであろう．このような動詞（過去分詞）＋前置詞は熟語として理解するよりも，その文法的な成り立ちを学ぶことが重要である．特に科学論文では受動態の用例が非常に多く，その大部分がSVOの文型の受動態である．そして動詞（過去分詞）のあとには前置詞句が続くことが非常に多い．そこで，これらの前置詞句の役割について文法的に説明できることが必要ではないだろうか．SVOの受動態の文の骨格は，主語＋be 動詞＋過去分詞という非常に単純なものである．しかし，実際にはそれらの主要な構成要素は，多くの副詞句や形容詞句によって修飾されている．それらがどのような修飾関係をもち，また，どのように配置されるかということを体系的に理解し，論文執筆に生かすことが本書の目的である．

論文を書きながら一般の辞書や参考書を調べてみても，通常は単語を入れ替えるだけで通用するような例文はなかなかみつからない．また，意味や内容が異なるために，適用すべき英文法のルールがよくわからないことも多い．そこで，実際に論文でどのような単語がどのように用いられるかを，解析して検討することが必要である．本書の執筆にあたっては，PubMed 論文抄録の英文を調査研究して，論文を書くために必要な文法・用法をその使われる頻度をもとに抽出した．本書ではその情報をもとに，論文によく用いられる文法上のルールを分類して示している．ここには論文で頻出する単語を多数取り上げて，その共起表現（連語表現）を頻度情報とともに示してあるので，どのような表現がトレンドであるかも知ることができる．本書を一度通読し，さらに論文を執筆する際に参照していただければ大いに役に立つはずである．本書が，論文作成の一助になることを願ってやまない．

2007 年 11 月

編著者を代表して
河本　健

編集 / 河本　健

広島大学大学院医歯薬学総合研究科講師

監修 / ライフサイエンス辞書プロジェクト

金子周司

京都大学大学院薬学研究科教授

鵜川義弘

宮城教育大学環境教育実践研究センター教授

大武　博

京都府立医科大学第一外国語教室教授

河本　健

広島大学大学院医歯薬学総合研究科講師

竹内浩昭

静岡大学理学部生物科学科准教授

竹腰正隆

東海大学医学部基礎医学系分子生命科学講師

藤田信之

製品評価技術基盤機構バイオテクノロジー本部
ゲノム解析部門部門長

ライフサイエンス 論文作成のための 英文法

まえがき

第1章　論文でよく使われる品詞の種類と使い方

Contents

Contents

論文でよく使われる表現がわかる！

用例表タイトル一覧

第１章　論文でよく使われる品詞の種類と使い方

Ⅰ．動詞

Ⅱ．形容詞

Ⅲ．副詞

第3章　論文によく用いられる重要表現

Ⅰ．つなぎの表現

Ⅱ．節や句のつながり

Ⅲ．比較の表現

本書の特徴および使い方

本書は，ライフサイエンス分野の主要な学術雑誌の抄録を集めた約3,000万語のLSDコーパス（本書について2を参照）から頻出単語・頻出共起（連語）表現を調査し，論文でよく使われる表現と関連する文法事項をまとめたものである．同じコーパスデータから頻出単語ごとにその使い方をまとめたものが姉妹編の『ライフサイエンス英語表現使い分け辞典』や『ライフサイエンス英語類語使い分け辞典』であるが，本書はそれらの文法的裏づけを示すものでもある．これらの姉妹編と同様，本書にも代表的な共起表現（連語表現）が出現回数とともに多数収録してあり，さらに実際の論文での代表的な用例も日本語訳とともに示してある．これによって，文法事項を確認すると同時に，実際に論文に使える表現をみつけることができる．

❖本書の特徴

- LSDコーパスの解析から得られた情報をもとに，論文執筆に重要な文法事項を整理してまとめた
- 論文でよく使われる単語および共起表現（連語表現）を集め，品詞ごとに使い方のパターンを解説した．なかでも前置詞の使い分けについては詳細に示した
- その他の重要な文法事項や論文らしい文章を書くためのテクニックについてもまとめた
- 収録したすべての単語や共起表現に，その用例数（3,000万語のデータベース中での出現回数）を示した
- PubMed論文抄録から典型的な例文を引用し，それを日本語訳とともに示した

❖本書の構成

1 イントロ

イントロでは，そのセクションで理解すべき内容や科学論文の執筆において押さえておくべきポイントについて述べる．

2 文法パターンの解説

各項目ごとに典型的な用法のパターンが，図解して説明してある．

3 用例表

よく使われる単語について代表的な共起表現（連語表現）が表に示してある．共起表現とは，ある単語の前後にどのような単語が来るかということで，コーパス解析に用いられる手法である．これを調べることによって，それぞれの単語の使い方のパターンを知ることができる．

4 用例数

収録したすべての単語および共起表現に3,000万語のコーパス中での出

● 本書の構成

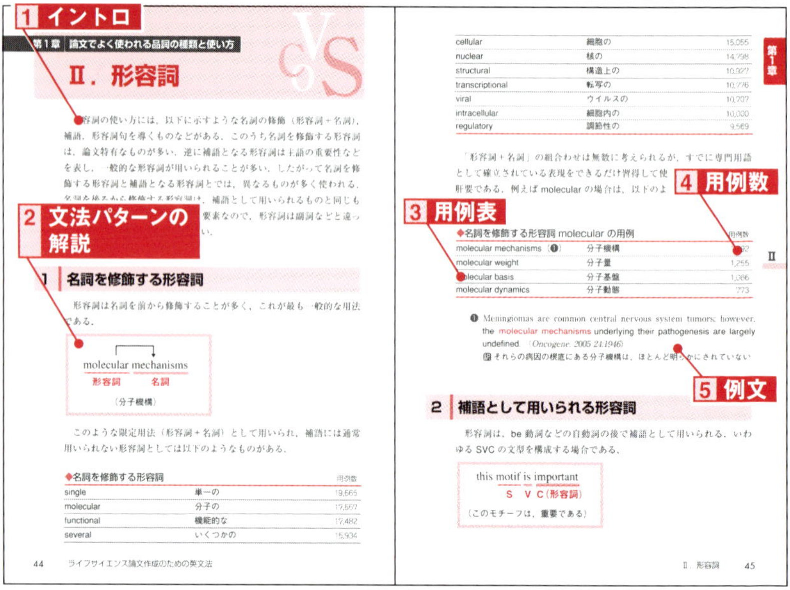

現回数が示してある（数字は表に示してある語形のままでの出現回数で，含まれる単語が語形変化した場合の数は含まれていない）．これによって，どのような表現の使用頻度が高いのかを知ることができる．ここでは用例数の多さを示すために，出現回数が最も多い語形変化形で示してある．そのため動詞の3人称単数形や過去形，名詞の単数形や複数形などの表記が統一されていないことをご了解いただきたい．

5 例文

代表的な例文と日本語訳が収録してあるので，実際の論文においてどのように使われるかを知ることができる．ゴシック体の部分は日本語訳と対応している．

❖学習のポイント

本書で述べる内容はすべて，論文執筆の際に重要なものばかりであるが，特に以下のようなポイントに留意すればより有効であろう．

ポイント1：5文型に習熟する

図1は，約30語からなる例文の構成を示している．前半が主節，since以下の後半が従位節の複文である．主節の文の主語はnuclear accumulationであり，動詞はappearsとなる．appearsはSVCの文型で用いられる自動詞で，to be a general stepが補語である．後半の従位節も完結した文の構造をもち，主語がtreatmentsで動詞がresultのSVの文型である．さて，ここでこのようなことを述べる理由は，論理的な論文を書くためには，まずSV，SVC，SVO，SVOO，SVOCの5文型をよく理解して使いこなすことが必要であるからにほかならない．文型は，使われる動詞と密接に関連する．そこで，本書の動詞の項（第1章-Ⅰ）では文型と各動詞との関係について詳しく解説する．

ポイント2：句による修飾方法をマスターする

次のポイントとしては，論文の文章における修飾語句の多さに注目したい．図1には，その修飾関係について詳しく示してある．主語である

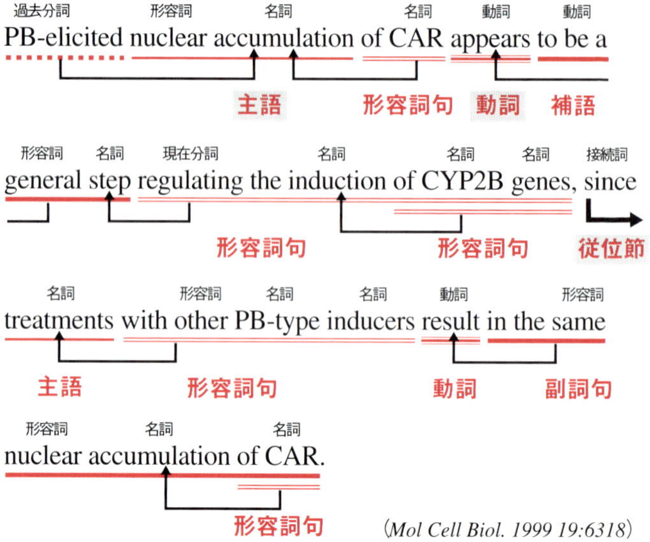

図1　論文でよく用いられる英文の構造解析

nuclear accumulationは前から過去分詞のPB-elicitedに修飾され，後ろからは形容詞句であるof CARによって修飾されている．主節の後半のregulating the induction of CYP2B genesは，現在分詞regulatingによって導かれる形容詞句で，前にある名詞stepを修飾する．この形容詞句の中心であるinductionはof CYP2B genesという形容詞句によって修飾されている．ここでもわかるように，句ではそのなかの名詞がさらに形容詞句によって修飾されるという二重の構造をしばしば取る．同様に，後続の従位節のなかのwith other PB-type inducersも，主語であるtreatmentsを後ろから修飾する形容詞句である．また，文末のin the same nuclear accumulation of CARは副詞句で，動詞resultを修飾する．この副詞句のなかのof CARは，その前のaccumulationを修飾する形容詞句である．このように英語では，名詞や動詞が後ろから形容詞句や副詞句によって修飾されるという大きな特徴があり，この使い方をマスターしなければならない．これらについては，第2章-Ⅰなどで述べる．

ポイント3：英語特有の文の構成を理解する

図1の英文を日本語に訳すと以下のようになる．「他のPB型の誘導物質は同様のCARの核集積という結果をもたらすので，PBに誘発されるCARの核集積はCYP2B遺伝子の誘導を調節する一般的なステップであるように思われる」．日本語には，修飾的な語句はすべて前に来るという法則があるので，since以下の従位節の内容を先に訳さなければならない．英語の場合は，従位節は前にも後ろにも置けるので，この文のようにsince以下を後半に置くことができる（前半に置くこともももちろん可能である）．

同じようなことが，前述した修飾語句に対しても言える．文頭のPB-elicited nuclear accumulation of CARの中心となる単語はaccumulation（集積）だが，日本語の場合ではそれに対する修飾語をすべて「集積」より前に置かなければならない．すなわち，「PBに誘発されるCARの核集積」となり，「PBに誘発される」のが「CAR」なのか「集積」なのかは文脈から判断せざるを得ない．ところが英語の場合は，nuclear accumulationの前にPB-elicitedがあって，後ろにof CARがあるので，どちらもaccumulationを修飾していることが明白である．このように英語は修飾語句を修飾される語の前にも後ろにも置けるという特徴があり，より論理的な文章を構築することが容易である．したがって，図1のように文の構成を分解できるような文法力を身につけることも必要になってくる．

ポイント4：節や句を使った長い文の作り方を学ぶ

長く複雑な文を作るための道具立てとしては，句のほかに節をうまく使うことが重要である．特に図1の例文では前半が主節で，後半が理由を示す接続詞since（～だから）で始まる従位節である．このような接続詞を使った複文を随所に取り入れることが論文執筆には必要である．複文の従位節に使われる接続詞や長い句に使われる熟語には，逆説，肯定/理由/結果，条件などの意味をもち2つの内容を1つにまとめた文を書くために使われるものがある．また，副詞節・副詞句以外にも前述したように形容詞句や形容詞節を句や節のなかの名詞を修飾するために用いたり，動詞を後ろから修飾する副詞句を連続して複数用いたりすることもできる．このように節や句を組合わせて文をつくる方法をマスターすることも重要である．これらの点については，第２章-Ⅰ～Ⅳおよび第３章-Ⅱで述べる．

ポイント５：単語の文法を理解する

英語論文に使われる個々の単語には，それぞれ固有の用法がある．例えば，図１に示す例文では treatments with，result in，appears to be など論文での頻出語（動詞・名詞）と前置詞などとの組合わせのパターンが存在する．このようなパターンは，個々の単語ごとに決まっているものが多く，単語の用法（文法）を理解するうえではきわめて重要である．その詳細は，姉妹編の『ライフサイエンス英語表現使い分け辞典』に譲るが，本書でも品詞ごとによく使われる単語の用法のパターンと多数の例文を示してある．多くの単語に共通するルールを知るために役立つであろう（第１章-Ⅰ～Ⅳ参照）．

ポイント６：前置詞の使い方に習熟する

本書の大きな特徴は，日本人には難しい前置詞の使い方について，論文での用法に絞って詳細にまとめた点にある．前述した treatments with や result in などの論文でよく使われる「名詞＋前置詞」「動詞（過去分詞）＋前置詞」「形容詞＋前置詞」などのパターンを多数掲載した．前述したように単語ごとに使われるパターンはほぼ決まっているが，それらには関連する単語で共通する文法上のルールが存在することが多い．さらに本書では類似の意味をもつ前置詞について，日本語に訳したときの意味に基づいて整理・分類してわかりやすく示した．これによって類似の意味の前置詞の使い分けについて知ることができるので，論文執筆の際にはぜひ参照していただきたい（第１章-Ⅷ）．ただし，意味を置き換えた日本語の方にも複数の意味が存在する場合もあるので，論文執筆者の意図をよく理解して参照していただく必要がある．

（河本　健）

ライフサイエンス英語コーパスについて

❖コーパスとは

本書のもとになっているのは，ライフサイエンス辞書プロジェクトが独自に構築したライフサイエンス分野の専門英語のコーパスである．コーパスとは言語研究などのために一定の基準に従って収集された言語データのことを言うが，今日では「コンピュータで扱えるように体系化された大量の言語テキスト」すなわち「言葉のデータベース」の意味で使われることが多い．規模の大きな汎用の英語コーパスとしては，British National Corpus（BNC）やBank of English（Cobuild corpus）がある．これら大規模コーパスのコンピュータ分析をもとにした数量的な視点を取り入れることによって，辞書の編纂方法（見出し語の選択，意味の記載順，例文の選択など）が大きく様変わりしたと言われている．英語辞書の分野では，すでに10年以上前から，COBUILD，LDOCE，OALDなどの主要な学習者用辞書はいずれもコーパスを全面的に取り入れた編纂を行っている．国内でも，『ウイズダム英和辞典』，『ユースプログレッシブ英和辞典』をはじめ最新の英和辞書はいずれもコーパスの活用を前面に打ち出している．

❖ライフサイエンス英語コーパスについて

ライフサイエンス分野ではPubMedと呼ばれる無料の文献データベースが利用できることから，われわれはPubMedに収録されている学術論文の抄録を主な言語資料として，ライフサイエンス分野に特化した英語コーパスを構築した．生化学，分子生物学などの基礎的な分野から臨床医学などの応用分野に至るまで，ライフサイエンスのさまざまな分野を網羅する主要な89の学術雑誌を選び，2000年から2004年までの5年間にアメリカまたはイギリスの研究機関から出された論文約15万6,000報の抄録を収集した．そこから抽出した約123万件の文章を言語資料とした．すべての文章には，付帯情報としてPubMedの登録番号をもたせており，分析結果から容易に元の論文抄録を参照できるように工夫されている．

❖ライフサイエンス辞書とライフサイエンス英語コーパス

本書で利用したライフサイエンス英語コーパスには総語数にして約3,000万語の情報が含まれている※．名詞や動詞の語尾活用を考慮すると，ユニークな単語の数は約20万語と見積もられるが，そのうち出現頻度の高い7万語でコーパス全体の99.2%をカバーしている．7万語という数は，現在のライフサイエンス辞書のサイズにほぼ相当する．こうして構築されたライフサイエンス英語コーパスは，ライフサイエンス辞書のオンライン検索サービスWebLSD（http://lsd.pharm.kyoto-u.ac.jp/）において共起検索の形で実装されている．任意の検索語に対してその場でライフサイエンス英語コーパスを検索し，語句の出現頻度を調べたり，前後の隣接語を数量的に捉えることができるようになっている．それだけにとどまらず，英和辞書における見出し語の選択，複合語の抽出，用法・用例の抽出などにもコーパスが活用されており，ライフサイエンス辞書のすべてがこのコーパスをベースにしていると言っても過言ではない．

❖コーパスをもとに活きた英語を提示

『ライフサイエンス英語類語使い分け辞典』，『ライフサイエンス英語表現使い分け辞典』に続くシリーズ第3作となる本書は，前2作と同様に，ライフサイエンスコーパスをフルに活用して執筆されたものである．各章の表題に端的に表されているように，「論文でよく使われる」英語表現や「論文らしい」文章の書き方に焦点をあてた構成となっており，そのため，解説する構文や用法，用例の選択にあたって，論文コーパスのコンピュータ解析によって得られた頻度情報を最大限に考慮して編纂を行った．これによって，実際の学術論文で好んで使用される「活きた英語」を提示できているものと思う．WebLSDとあわせて，ぜひ論文執筆等に活用していただきたい．

（藤田信之）

※ライフサイエンス英語コーパスはその後も拡充を続けており，現在オンラインでは総語数6,000万語のコーパスを利用できるようになっている．

第1章

論文でよく使われる品詞の種類と使い方

一般に論文では，基本動詞＋前置詞のような熟語表現はあまり用いられない．表現が口語的すぎるうえに意味の取り違いが起きやすいからであろう．基本動詞よりもむしろ単独で明確な意味をもつ動詞が好まれる傾向にある．そのため文脈にあった一語の動詞をみつけることは比較的容易であるが，その反面，論文でみられる文にはたくさんの修飾語がちりばめられていて一文一文が非常に長い．したがって，論文を書くためには，気の利いた熟語を考えるよりも長い文章を論理的に組み立てる方法を学ぶことが肝心である．本章では，主語，動詞，目的語，補語といった文の骨格を構成する品詞（名詞・動詞・形容詞）とそれを修飾する語（副詞など）とのつながりを中心に，それぞれの使い方やよく使われる組合わせについて品詞ごとに分けて述べる．具体的には，文の基本構造である文型とそれを構成する動詞，名詞，形容詞，それらを修飾する副詞や形容詞，さらに副詞句や形容詞句を導く前置詞についてまとめる．また，句と並んで重要な節をつくるために必要である関係詞，接続詞についても，品詞ごとに分類して解説する．

I. 動詞

文の述部の中心となるものは動詞であり，文型は使われる動詞によって規定されると言ってよい．いわゆる5文型のうち，SVとSVCが自動詞の文型で，SVO，SVOOおよびSVOCが他動詞の文型である．特に科学論文の場合には，SVOの他動詞受動態の用例が非常に多い．また，SVOOやSVOCの文型が用いられることが極端に少ないという特徴もある．これらの文型の表現は誤解を招きやすく，また，かなり口語的に感じられるからであろう．いずれの文型でも動詞は副詞および副詞句によって修飾されることがしばしばあるので，それらを中心に各文型の特徴と使われる動詞について述べる．

1 自動詞の使い方

Ⓐ SVの文型

この文型の骨格は，

S（主語）＋V（動詞）

であるが，通常，たくさんの修飾語が用いられ，

（M＋S＋M）＋（M＋V＋M）　（Mは修飾語）

のような形になる．Mは，形容詞，形容詞句，副詞あるいは副詞句である．

この文型の特徴としては，以下に示すような動詞の直後に前置詞に導かれる副詞句が来ることが多いことがあげられる（句については第2章-Iで詳しく解説する）．

inhibition of	α-CaMKⅡ	results	in a decrease
S		V	副詞句

（α-CaMKⅡの抑制は，低下という結果になる）

動詞の後にどの前置詞が使われるかは，動詞によってかなり限定されてくる．このような前置詞に導かれる副詞句はきわめて重要な文の構成要素であるので，results in のように動詞＋前置詞をセットで頭に入れておくとよい．

SV の文型に用いられる主な動詞は次のようなものがある．よく使われる前置詞とともに表形式で示す（単数形の用例が多いものについては，三単現の s をつけて示してある）．

◆ SV の文型に用いられる動詞＋前置詞

			用例数
against	protect against ～	～を防ぐ	385
as	serve as ～	～として役立つ	1,916
	act as ～	～として作用する	1,581
from	arise from ～	～から生じる	617
	differ from ～	～と異なる	497
	originate from ～	～から生じる	181
in	results in ～（❶）	～という結果になる	7,349
	occurs in ～	～において起こる	1,763
	participate in ～	～に関与する	1,504
	exist in ～	～に存在する	652
into	differentiate into ～	～へ分化する	419
	assemble into ～	集合して～を構築する	192
of	consists of ～（❷）	～から成る	1,690
on	depends on ～	～に依存する	2,095
	focus on ～	～に集中する	473
	rely on ～	～に頼る	344
to	contribute to ～（❸）	～に寄与する	6,358
	leads to ～	～につながる	4,830
	failed to ～	～することができなかった	3,224
	binds to ～	～に結合する	3,222
	respond to ～	～に応答する	1,487
with	interact with ～	～と相互作用する	3,254
	interfere with ～	～に干渉する	812
	react with ～	～と反応する	327

❶ Inhibition of α-CaMK II **results in** a decrease in c-fos expression and AP-1 activation, leading to inhibition of osteoblast differentiation. (*J Biol Chem. 2005 280:7049*)

訳 α-CaMK Ⅱの抑制は，c-fos 発現の低下という結果になる

❷ Spo0B consists of two domains: an N-terminal α-helical hairpin domain and a C-terminal α/β domain. (*Biochemistry. 1999 38:15853*)
訳 Spo0B は，２つのドメインから成る

❸ Overexpression of this isozyme may contribute to the pathogenesis of the metabolic syndrome. (*Curr Opin Pharmacol. 2004 4:597*)
訳 このアイソザイムの過剰発現は，メタボリックシンドロームの病因に寄与するかもしれない

B SVC の文型

SVC の文型では，自動詞の後ろに補語 C が置かれる．補語としては，名詞，形容詞，to be ～などが用いられる．

YY1 is essential
S V C
（YY1は，必須である）

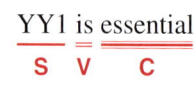

be 動詞があるので用例数は多いが，この文型で使われる動詞の種類はあまり多くはない．appear と seem は，後ろに to 不定詞を伴うことが多い．be 動詞はもちろん，受動態をつくるためにも用いられる．

SVC の文型に用いられる動詞を以下に示す．

◆ SVC の文型に用いられる動詞

		用例数
be（❶）	～である	873,476
appear（❷）	～のように思われる	14,111
seem	～のように思われる	2,034
become	～になる	5,643
prove	～であると判明する	2,044
remain	～のままである	12,824

❶ YY1 is essential for the development of mammalian embryos. (*J Biol Chem. 2003 278:14046*)
訳 YY1 は，～の発生にとって必須である

❷ Thus, oligomerization of precursor molecules appears to be a general mechanism for the activation of both apoptosis initiator and inflammatory procaspases. (*J Biol Chem. 2003 278:16466*)

訳 前駆体分子のオリゴマー形成は，～のための一般的な機構であるように思われる

2 他動詞の使い方

A SVO の文型

SVO の文型の用例数は，他の文型に比べて圧倒的に多い．また，受動態の用例が非常に多いこともその特徴である．受動態の場合は，しばしば過去分詞の後に前置詞に導かれる副詞句が用いられる．

この文型の骨格は，

S ＋ V ＋ O

であるが，修飾語を伴うと

（M ＋ S ＋ M） ＋ （M ＋ V ＋ O ＋ M）　（M は修飾語）

のようになる．O は名詞（名詞相当語句）である．

受動態の場合には，本来の目的語が主語になって

S ＋ be 動詞（＋ M）＋過去分詞＋ M

のような形になる．

a）他動詞（過去分詞）＋前置詞

受動態では，本来の目的語が主語となるが，動詞の後には前置詞に導かれる副詞句が置かれることがよくある（「by ＋本来の主語」は省略されることも多い）．以下のような文型である．

D2 receptor is involved in the regulation

S　V　副詞句

（D2受容体は，調節に関与する）

上の文では in 以下が副詞句であるが，実際には in は involved への結び付きの方が強い．そのため，involved in のような過去分詞＋前置詞のパターンで覚えておくと応用がきく．また，過去分詞＋前置詞は，名詞を修飾する形容詞句として用いられることもある．

受動態で用いられることが多い動詞（過去分詞）と後に続く前置詞とをセットで以下に示す．

◆ SVO の文型に受動態で用いられる動詞＋前置詞

			用例数
for	required for ～	～のために必要とされる	14,900
	used for ～	～のために使われる	1,849
	observed for ～	～に対して観察される	1,626
from	derived from ～（❶）	～に由来する	5,257
	isolated from ～	～から単離される	2,987
	obtained from ～	～から得られる	2,294
in	involved in ～（❷）	～に関与する	12,938
	implicated in ～	～に関与する	4,105
	located in ～	～に位置する	1,762
on	expressed on ～	～において発現される	965
	performed on ～	～において行われる	804
	located on ～	～に位置する	714
to	shown to ～	～すると示される	8,307
	compared to ～	～と比較される	5,510
	related to ～	～と関連した	4,901
	known to ～	～すると知られている	4,189
with	associated with ～（❸）	～と関連した	26,761
	compared with ～	～と比較される	15,621
	correlated with ～	～と相関した	4,814
	treated with ～	～によって処置される	4,600
	infected with ～	～を感染させられる	2,171
by	induced by ～	～によって誘導される	6,800
	mediated by ～	～によって仲介される	5,545
	followed by ～	～によって伴われる	4,569
	determined by ～	～によって決定される	4,005

❶ SREBP-1a and SREBP-1c are derived from the same gene by virtue of alternatively spliced first exons. （*J Biol Chem. 2003 278:36652*）
訳 SREBP-1a および SREBP-1c は，同じ遺伝子に由来する

❷ The dopamine D2 receptor（D2）is involved in the regulation of pituitary hormone secretion. （*Brain Res. 2002 939:95*）
訳 ドパミン D2 受容体（D2）は，下垂体ホルモン分泌の調節に関与する

❸ RAGE blockade was associated with increased expression of IL–10 and TGF–β in the islets from protected mice. （*J Immunol. 2004 173:1399*）

訳 終末糖化産物受容体の遮断は，～の増大した発現と関連した

b）能動態

もっぱら能動態のS＋V＋Oの形のみで使われる動詞もある．

cells undergo apoptosis
S V O
（細胞はアポトーシスを起こす）

以下にそのような動詞の例を示す．seek は，過去形で we sought to *do* などの用例が非常に多い．

◆ SVO の文型に能動態で用いられる動詞

		用例数
lack ～（❶）	～を欠く	11,978
undergo ～（❷）	～を起こす	8,609
receive ～（❸）	～を受ける	8,261
underlie ～	～の根底にある	5,336
possess ～	～をもつ	3,063
resemble ～	～に似ている	2,015
seek ～	～しようと努める	1,835
harbor ～	～をもつ	1,370

❶ In female mice lacking both LDL-R and ERα, the protective effect of gender was lost. (*J Biol Chem. 2006 281:1419*)
訳 LDL-R と ER αの両方を欠いているメスのマウスにおいて

❷ When treated with a range of FXR ligands, vascular smooth muscle cells undergo apoptosis in a manner that correlates with the ligands' ability to activate FXR. (*Proc Natl Acad Sci USA. 2004 101:3668*)
訳 血管平滑筋細胞は，アポトーシスを起こす

❸ Patients received a single intravenous infusion, over 30 mins, of either 300 mg of MAB-T88 formulated in albumin, or placebo (albumin). (*Crit Care Med. 2003 31:419*)
訳 患者は，1回の点滴静注を受けた

c）受動態/能動態/that 節

受動態と能動態のどちらでもよく使われる動詞も多い．これらのなかには，we，results，data などが主語になる動詞が多数ある．また，that 節を目的語にする動詞も多い．

能動態

we show that 節

S V O

（われわれは，～ということを示す）

受動態

it is shown that 節

S V

（～ということが示される）

上の受動態の例では，〈it ～ that〉の構文が使われており，it が形式上の主語で，that 節が意味上の主語となる．

受動態と能動態の両方でよく用いられる動詞の例を以下に示す．

◆受動態と能動態の両方で用いられる動詞：we を主語とする場合

		用例数
we show ～（❶）	われわれは，～を示す	16,048
we report ～	われわれは，～を報告する	9,235
we found ～	われわれは，～をみつけた	8,246
we demonstrate ～	われわれは，～を実証する	6,720
we conclude ～	われわれは，～を結論する	4,759
we used ～	われわれは，～を使った	4,509
we propose ～	われわれは，～を提唱する	4,360
we examined ～	われわれは，～を調べた	4,356

❶ In this study **we show** that the expression of CXCL13, CCL19, CCL21, and CCL20 is impaired in the NALT of Lt$\alpha^{-/-}$ mice. （*J Immunol.*

2005 175:4904）

訳 われわれは，～ということを示す

◆受動態と能動態の両方で用いられる動詞：
results を主語とする場合

		用例数
results suggest ～（❶）	結果は，～を示唆する	8,572
results indicate ～	結果は，～を示す	5,474

❶ These **results suggest** that the ability of the healthy aging motor cortex to reorganize in response to training decreases with age. （*Ann Neurol. 2003 53:521*）

訳 これらの結果は，～ということを示唆する

◆受動態と能動態の両方で用いられる動詞：that 節を伴う場合

		用例数
suggest that ～	～ということを示唆する	6,781
show that ～	～ということを示す	6,136
indicate that ～	～ということを示す	3,733
demonstrate that ～	～ということを実証する	3,550
conclude that ～	～であると結論する	1,321
propose that ～	～ということを提案する	984
report that ～	～ということを報告する	951

◆受動態と能動態の両方で用いられる動詞：
過去分詞＋ that 節の場合

		用例数
it was found that ～（❶）	～ということがみつけられた	492
it is shown that ～（❷）	～ということが示される	340
it is concluded that ～	～ということが結論される	337
it has been proposed that ～	～ということが提案されている	321
it has been suggested that ～	～ということが示唆されている	301
it is known that ～	～ということが知られている	164
it was demonstrated that ～	～ということが実証された	120
it has been hypothesized that ～	～ということが仮定されている	112
it has been reported that ～	～ということが報告されている	95
it was determined that ～	～ということが決定された	90
evidence is presented that ～	～という証拠が示される	76

❶ It was found that the binding of eIF2A to 40 and 80 S ribosomes was not impaired in either strain. (*J Biol Chem. 2005 280:15601*)
訳 ～ということがみつけられた

❷ It is shown that the effect of mutating hydrophobic residues is much greater than that observed upon mutation of a solvent-exposed polar residue. (*Biochemistry. 2003 42:12192*)
訳 ～ということが示される

Ⓑ SVOO の文型

科学論文で，SVOO の文型が用いられることはあまりない．誤解を生じやすく，また，口語的な表現が多いからであろう．下の例は，SVOO の動詞の受動態の場合である．本来の形を SVO_1O_2 とすると，受動態では O_1 が主語 S となり，O_2 が動詞の後に置かれる．

mice were fed chow
S V O
（マウスは，固形飼料を与えられた）

よく使われる SVOO の動詞のパターンには以下のようなものがある．

◆ SVOO の文型に用いられる動詞

		用例数
were given ～	…は，～を与えられた	383
were fed ～（❶）	…は，～を与えられた	195
were prescribed ～	…は，～を処方された	32

❶ Two groups of apolipoprotein E-deficient mice were fed chow with or without vitamin E（2000 IU/kg diet）for 16 weeks.（*Blood. 2001 97:459*）
訳 2つのグループのアポリポタンパク質 E 欠損マウスは，ビタミン E 入りあるいはなしの固形飼料を与えられた

SVOO の文型で使われうる動詞としては他に send や provide などがあるが，いずれの場合もこの文型を避けて，SVO ＋ to ＋名詞の受動態である sent to（❷）や provided to（あるいは provided for）の形を用いることが圧倒的に多い．以下にその例を示す．

❷ A standard QOL questionnaire was sent to 323 patients surviving pancreaticoduodenectomy who had undergone surgery at The Johns Hopkins Hospital between 1981 and 1997. (*Ann Surg. 2000 231:890*)
訳 標準的な QOL アンケートが，323 名の患者に送られた

C SVOC の文型

次のような SVOC の文型，あるいはその受動態が科学論文で用いられることもあまり多くはない．

We have named this gene ZNRD1
S V O C
（われわれは，この遺伝子をZNRD1と命名した）

SVOC の形でよく使われる動詞には，以下のようなものがある．

◆ SVOC の文型に用いられる動詞

		用例数
call（❶）	呼ぶ	3,012
designate（❷）	命名する	1,737
name（❸）	命名する	1,505
consider（❹）	考える/みなす	3,905
render（❺）	抵抗性にする	1,247
make it ～	それを～にする	193
make it possible to ～（❻）	～することを可能にする	51

❶ Here, Spo22 (also called Zip4) is identified as a probable functional collaborator of Zip2/3. (*Proc Natl Acad Sci USA. 2005 102:17594*)
訳 Zip4 とも呼ばれる

❷ Here we describe the isolation and characterisation of a gene, designated AtPRB1, encoding a basic PR1-like protein from Arabidopsis. (*Plant Mol Biol. 2001 47:641*)
訳 われわれは，～をコードする遺伝子，AtPRB1 と命名されているが，の同定と特徴づけを述べる

❸ We have named this gene ZNRD1 for zinc ribbon domain-containing 1 protein. (*Genomics. 2000 63:139*)
訳 われわれは，この遺伝子を～にちなんで ZNRD1 と命名した

❹ Due to its role in pathogenesis, NF-κB is **considered** a key target for drug development. (*J Biol Chem. 1997 272:30129*)

訳 NF-κBは，薬剤開発の鍵となる標的であると考えられる

❺ Mutant Bcl-xL that bound p53, but not PUMA, **rendered** cells resistant to p53-induced apoptosis irrespective of PUMA expression. (*Science. 2005 309:1732*)

訳 ～は，細胞をp53誘導性アポトーシスに対して抵抗性にした

❻ Microarray studies **make it possible to** obtain gene expression data on a whole-genome scale. (*Dev Cell. 2002 3:464*)

訳 マイクロアレイ研究は，遺伝子発現データを得ることを可能にする

3 他動詞にも自動詞にも使われる動詞

他動詞と自動詞の両方で用いられる動詞も多い．その場合，下の例のように他動詞受動態と自動詞とが，ほとんど同じ意味になる場合がよくみられる．

他動詞

E-cadherin promoter activity was increased
(activity = S, was increased = V)

（E-カドヘリンプロモーター活性が，増大した）

自動詞

MMP-13 expression increased significantly
(expression = S, increased = V)

（MMP-13の発現が，有意に増大した）

他動詞と自動詞の両方で使われる代表的な動詞を以下に示す．

◆他動詞と自動詞の両方で用いられる動詞

		用例数
increase（❶，❷）	増大する／増大させる	71,981
decrease	低下する／低下させる	25,120

bind (❸, ❹)	結合する/結合させる	26,567
correlate	相関する/相関させる	10,368

❶ E-cadherin promoter activity was increased in cells overexpressing WT1 and was blocked by a dominant negative form of WT1. (*J Biol Chem. 2000 275:10943*)

訳 E-カドヘリンプロモーター活性が，WT1 を過剰発現する細胞において増大した

❷ MMP-13 expression increased significantly in both CyC-AP-null and wild-type dermal fibroblasts after treatment with IL-1β or with TNFα. (*J Biol Chem. 2004 279:55334*)

訳 MMP-13 の発現が，〜において有意に増大した

❸ The glucosyl group of the substrate is bound to the protein via the side-chain carboxamide groups of Asn 187 and Asn 207. (*Biochemistry. 2000 39:5691*)

訳 基質のグルコシル基は，そのタンパク質に結合する

❹ Spo0J binds to DNA near the replication origin and localises at the poles following initiation of replication. (*EMBO J. 2005 24:270*)

訳 Spo0J は，複製開始点の近くの DNA に結合する

4 句動詞の使い方

本来は自動詞だが，前置詞と組合わせることによって少し異なる意味の他動詞として使われる場合がある.

英語では，基本動詞と前置詞や副詞を組合わせて句動詞として用いられることが多いが，論文での用例は比較的少ない.

This may account for the observation
S V' O'

(これは，その観察を説明するかもしれない)

以下にその例を示す.

◆前置詞と組合わせて他動詞として用いられる自動詞（句動詞）

		用例数
account for ～（❶）	～を説明する	4,060
carry out ～（❷）	～を行う	1,744
rule out ～	～を除外する	354
make up ～	～を構成する	312
follow up ～	～を経過観察する	248
bring about ～	～をもたらす	222
deal with ～	～を扱う	169

❶ This may account for the observation that the B6 AZIP mice have less insulin-resistant muscles and more insulin-resistant livers, than do the FVB AZIP mice. (*J Biol Chem. 2003 278:3992*)
訳 これは，～という観察を説明するかもしれない

❷ The present study was carried out to identify transcription factors that bind to this region of the KLF2 promoter. (*Biochemistry. 2005 44:6276*)
訳 現在の研究は，～を同定するために行われた

他動詞として用いられる句動詞は，上の例文（❷）のように受動態で用いられることもある．一方で，受動態にはならないが，前置詞とセットで特定の意味をもつ自動詞には以下のようなものがある．

◆前置詞と組合わせて特定の意味をもつ自動詞

		用例数
consist of ～（❶）	～から成る	4,568
fall into ～	～に収まる	208
look for ～	～を探す	128
look at ～	～を調べる	118
set out to ～	～しようとする	109

❶ Dentin sialophosphoprotein (DSPP) consists of dentin sialoprotein (DSP) and dentin phosphoprotein (DPP). (*J Biol Chem. 2005 280:29717*)
訳 象牙質シアロホスホタンパク質（DSPP）は，象牙質シアロタンパク質（DSP）と象牙質ホスホタンパク質（DPP）から成る

これらの多くは，下に示すように一語の他動詞で置き換えることがで

き，account for 以外は一語の動詞の方が好まれる傾向にある．

account for	→	explain
carry out	→	perform
rule out	→	exclude
make up	→	compose
bring about	→	cause
look at	→	examine
set out to	→	seek to

Ⅱ．形容詞

形容詞の使い方には，以下に示すような名詞の修飾（形容詞＋名詞），補語，形容詞句を導くものなどがある．このうち名詞を修飾する形容詞は，論文特有なものが多い．逆に補語となる形容詞は主語の重要性などを表し，一般的な形容詞が用いられることが多い．したがって名詞を修飾する形容詞と補語となる形容詞とでは，異なるものが多く使われる．名詞を後ろから修飾する形容詞は，補語として用いられるものと同じものが多い．特に補語は文の主要な要素なので，形容詞は副詞などと違って単なる修飾語ではない場合も多い．

1 名詞を修飾する形容詞

形容詞は名詞を前から修飾することが多く，これが最も一般的な用法である．

molecular mechanisms

形容詞　名詞

（分子機構）

このような限定用法（形容詞＋名詞）として用いられ，補語には通常用いられない形容詞としては以下のようなものがある．

◆名詞を修飾する形容詞

		用例数
single	単一の	19,665
molecular	分子の	17,557
functional	機能的な	17,482
several	いくつかの	15,934

cellular	細胞の	15,055
nuclear	核の	14,798
structural	構造上の	10,927
transcriptional	転写の	10,776
viral	ウイルスの	10,707
intracellular	細胞内の	10,000
regulatory	調節性の	9,569

「形容詞＋名詞」の組合わせは無数に考えられるが，すでに専門用語として確立されている表現をできるだけ習得して使うようにすることが肝要である．例えば molecular の場合は，以下のような用例が多数みられる．

◆名詞を修飾する形容詞 molecular の用例

		用例数
molecular mechanisms（❶）	分子機構	1,392
molecular weight	分子量	1,255
molecular basis	分子基盤	1,066
molecular dynamics	分子動態	773

❶ Meningiomas are common central nervous system tumors; however, the **molecular mechanisms** underlying their pathogenesis are largely undefined. (*Oncogene. 2005 24:1946*)
訳 それらの病因の根底にある分子機構は，ほとんど明らかにされていない

2 補語として用いられる形容詞

形容詞は，be 動詞などの自動詞の後で補語として用いられる．いわゆる SVC の文型を構成する場合である．

this motif is important
S V C（形容詞）
（このモチーフは，重要である）

補語として用いられることが多い形容詞としては以下のようなものがある．次節で述べるが，形容詞の後には前置詞が来る場合が多い．

◆補語として用いられることが多い形容詞

			用例数
is	～ is essential	～は必須である	3,547
	～ is important（❶）	～は重要である	2,246
	～ is necessary	～は必要である	1,983
	～ is dependent	～は依存する	1,879
	～ is critical	～は決定的に重要である	1,862
	～ is unknown	～は知られていない	1,730
	～ is consistent（❷）	～は一致する	1,674
	～ is present	～は存在する	1,597
	～ is sufficient	～は十分である	1,530
	～ is responsible	～は責任がある/～が原因である	1,273
	～ is unclear	～は不明である	1,113
	～ is similar	～は類似している	1,061
	～ is independent	～は依存しない	1,028
remains	～ remains unclear（❸）	～は不明のままである	672
	～ remains unknown	～は知られていないままである	470

❶ Several lines of evidence indicate that this motif **is important** for Pto function.（*Plant J. 2006 45:31*）

訳 このモチーフは，Pto の機能にとって重要である

❷ This result **is consistent** with the hypothesis that category-specific activity is cueing the memory system to retrieve studied items.（*Science. 2005 310:1963*）

訳 この結果は，～という仮説と一致する

❸ It **remains unclear** whether and how PXR regulates gene expression in the absence of ligand.（*Mol Pharmacol. 2006 69:99*）

訳 PXR がリガンドなしで遺伝子発現を調節するかどうか，およびどのように調節するかは明らかでないままである

3　副詞句（前置詞句）を伴う形容詞

補語として用いられる形容詞は，後ろから副詞句（前置詞句）によって修飾されることが多い．

FA formation is dependent on its surface adsorption

S　V　C（形容詞）　副詞句

（FAの形成は，それの表面への吸着に依存する）

このとき用いられる前置詞は，個々の形容詞ごとに異なるので，動詞（過去分詞）＋前置詞（第１章-Ⅰを参照）と並んで押さえておきたいポイントである．前置詞を後ろに伴う形容詞は，前節のように補語として使われたり，次節のように後ろから名詞を修飾するために使われたりする．

以下に形容詞＋前置詞の組合わせの頻度を示す．このように使われる前置詞の組合わせは，必ずしも１種類とは限らないが，形容詞ごとにかなり限定されている．ただし，in は，場所を示す副詞句において非常に高頻度で使われるので組合わせの範囲が広い．to には，to 不定詞の用例も多くみられる．

◆形容詞＋前置詞の組合わせの頻度

（数字：用例数）

		in	for	to	on	of	with	from	between
responsible	6,336	23	**6,082** （❶）	2	0	1	0	0	0
essential	11,770	250	**6,027**	521	0	0	1	1	0
important	22,513	2,003	**3,871**	622	3	10	3	7	1
critical	11,413	385	**2,927**	649	1	5	2	2	0
necessary	5,952	51	**3,366**	**950**	2	0	3	1	2
sufficient	5,582	21	**1,647**	**2,998**	3	0	0	0	0
similar	21,777	1,273	330	**8,315**	13	1	52	2	205
dependent	36,244	128	26	16	**4,784** （❷）	7	39	2	2
independent	12,912	37	11	1	5	**3,936**	2	64	2
consistent	11,964	37	18	1	0	1	**10,971**	3	3
different	23,456	301	91	11	5	0	11	**1,348** （❸）	**309**

❶ UVB radiation is **responsible for** the majority of human skin cancers. (*Mol Cell Biol. 2004 24:10650*)

訳 短波長紫外線照射は，ヒトの皮膚癌の大部分の原因である

❷ CBD-mediated FA formation is **dependent on** its surface adsorption and the adhesion activity of the cells. (*J Biol Chem. 2005 280:28803*)

訳 CBD に仲介される FA の形成は，それの表面への吸着に依存する

❸ *In vivo* expression of human telomerase is significantly **different from** that of mouse telomerase. (*Proc Natl Acad Sci USA. 2005 102:18437*)

訳 ヒトのテロメラーゼの生体内での発現は，マウスのテロメラーゼのそれと有意に異なる

4 形容詞句としての用法（名詞＋形容詞＋前置詞）

形容詞＋前置詞で導かれる形容詞句は，名詞を後ろから修飾できる．また，このパターンの形容詞句のなかの前置詞以降は，前節のように形容詞を修飾する副詞句と解釈することもできる．

the mechanisms responsible for this abnormality

名詞（the mechanisms）　形容詞句（responsible for this abnormality）

（この異常に責任のある機構）

以下にこのパターンでよく用いられる名詞＋形容詞の例を示す．

◆形容詞＋前置詞で導かれる形容詞句

			用例数
responsible for	mechanisms responsible for ～（❶）	～に責任のある機構／～の原因である機構	313
	enzyme responsible for ～	～に責任のある酵素／～の原因である酵素	109
	genes responsible for ～	～に責任のある遺伝子／～の原因である遺伝子	85
similar to	manner similar to ～	～に類似した様式	197
	levels similar to ～（❷）	～に類似したレベル	108

	properties similar to ～	～に類似した性質	102
	phenotype similar to ～	～に類似した表現型	88
consistent with	manner consistent with ～ (❸)	～に一致する様式	93
	pattern consistent with ～	～に一致するパターン	48
present in	proteins present in ～	～に存在するタンパク質	67
dependent on	manner dependent on ～	～に依存する様式	64
independent of	mechanism independent of ～	～に依存しない機構	46
important for	genes important for ～	～のために重要な遺伝子	52

❶ Sepsis significantly alters skeletal muscle mitochondrial function, but the mechanisms responsible for this abnormality are unknown. (*Am J Respir Crit Care Med. 2005 172:861*)

訳 この異常に責任のある機構は知られていない

❷ The thickness of the outer plexiform layer and the number of photoreceptor terminals in Cabp4 $^{-/-}$ Gnat1 $^{-/-}$ mice were reduced to levels similar to those of Cabp4 $^{-/-}$ mice. (*Invest Ophthalmol Vis Sci. 2005 46:4320*)

訳 ～が，Cabp4 $^{-/-}$マウスのそれらに類似したレベルに低下した

❸ The SAPAP proteins are localized at synapses in a manner consistent with mRNA expression. (*J Comp Neurol. 2004 472:24*)

訳 SAPAP タンパク質は，メッセンジャー RNA 発現と一致する様式でシナプスに局在する

Ⅲ. 副詞

副詞は，動詞，形容詞，他の副詞，副詞句を修飾する．文頭などで，文全体を修飾する場合もある．通常は修飾される語の直前に置かれる．強調や時を表すものが多い．

論文でよく用いられる副詞を以下に示す．

◆論文でよく用いられる副詞

		用例数
only ～	～だけ	27,958
significantly	有意に	23,966
previously	以前に	17,070
approximately	おおよそ	14,970
respectively	それぞれ	13,533
highly	高度に	12,617
directly	直接	8,459
recently	最近	7,029
specifically	特異的に	6,984
strongly	強く	5,587
rapidly	急速に	4,946
completely	完全に	4,677
now	今	4,528
partially	部分的に	4,457
finally	ついに	4,372
relatively	相対的に	4,314
yet	まだ	4,197
primarily	主に	3,961
markedly	顕著に	3,892
fully	完全に	3,515
closely	密接に	3,469

1 文中で用いられる副詞

副詞は，次の例のように前から動詞，過去分詞，形容詞を修飾する（受動態の場合は，be 動詞と過去分詞の間に置かれる）．

副詞＋過去分詞

Stat-1 expression was significantly reduced

significantly：副詞　reduced：過去分詞

（Stat-1の発現は，有意に低下した）

副詞＋形容詞

yeast lacking Asf1p are highly sensitive

highly：副詞　sensitive：形容詞

（Asf1pを欠く酵母菌は高度に感受性である）

また，前置詞の前で動詞の強調として用いられることもある．

副詞＋前置詞

this augmented activity occurred only in the presence of ～

only：副詞　in：前置詞

（この増大した活性は，～の存在下においてのみ起こった）

以下によく用いられる副詞＋前置詞，副詞＋動詞（過去分詞），副詞＋接続詞，副詞＋形容詞，副詞＋副詞の組合わせを示す．

◆副詞と組合わせて直後に用いられる用語 （数字：用例数）

only	27,958	in（❶），when，by，at，to，partially
significantly	23,966	reduced（❷），higher，increased，lower，more，greater
previously	17,070	reported，shown，described，been，we，demonstrated
respectively	13,533	in，for，were，of，with，
highly	12,617	conserved，expressed，sensitive（❸），specific，active，homologous
directly	8,459	to，with，from，in，involved，by
recently	7,029	been，identified，we，reported，described，shown
specifically	6,984	to，in，with，we，expressed，binds
strongly	5,587	suggest，associated，with，inhibited，support，correlated
rapidly	4,946	in，than，induced，with，degraded，growing
completely	4,677	blocked，inhibited，abolished，prevented，abrogated，reversed
partially	4,457	inhibited，purified，blocked，reversed，restored，folded

❶ This augmented activity occurred only in the presence of Zn^{2+}. （*J Biol Chem. 2005 280:24839*）

訳 この増大した活性は，Zn^{2+}の存在下においてのみ起こった

❷ Furthermore, Stat-1 expression was significantly reduced in macrophages deficient in NF-κB1, but not c-Rel. （*J Immunol. 2003 171:4886*）

訳 Stat-1 の発現は，～を欠損したマクロファージにおいて有意に低下した

❸ Furthermore, yeast lacking Asf1p are highly sensitive to mutations in DNA polymerase α and to DNA replicational stresses. （*Mol Cell Biol. 2004 24:10313*）

訳 Asf1p を欠く酵母菌は，DNA ポリメラーゼ α の変異に高度に感受性である

2 文頭で用いられる副詞

文頭で用いられる副詞は文全体を修飾する．次に続く内容を強調した

り，前の文の内容を受けたつなぎの表現として論文においてもしばしば用いられる．節や句のつなぎの表現は，（第3章-Ⅱ）にまとめてあるのでそちらも参照していただきたい．

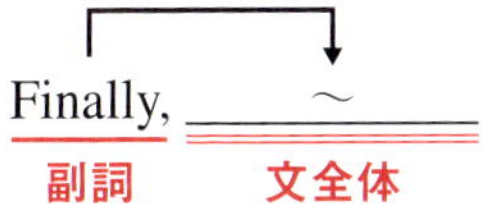

（最後に，～）

文頭でよく用いられる副詞には以下のようなものがある．

◆文頭でよく用いられる副詞

		用例数
Finally（❶）	最後に/ついに	4,492
Interestingly（❷）	興味深いことに	2,969
Surprisingly	驚いたことに	1,971
Additionally	そのうえ	1,883
Recently	最近	1,567
Conversely	逆に	1,290
Previously	以前に	1,201
Collectively（❸）	まとめると	1,033
Consequently	したがって	630
Subsequently	引き続いて	340

❶ **Finally**, we show that Msb3 and Msb4 are involved in Bni1-nucleated actin assembly *in vivo.*（*Mol Cell Biol. 2005 25:8567*）
訳 最後に，われわれは～ということを示す

❷ **Interestingly**, the expression and activation of CCR1 and CCR5 in the joint were down-regulated in the Met-RANTES group compared with the control group.（*Arthritis Rheum. 2005 52:1907*）
訳 興味深いことに，

❸ **Collectively**, these results suggest that treatment with 17-AAG might represent a means of reversing checkpoint-mediated cytarabine resistance in AML.（*Blood. 2005 106:318*）
訳 まとめると，これらの結果は～ということを示唆する

Ⅳ. 名詞

名詞は，話題の対象を表すためなどに使われるきわめて重要な文の構成要素である．論文における名詞は固有名詞だけでなく，対象の性質などを示す特徴的なものが多数ある．また，文章中に占める割合が最も高い品詞も名詞であり，主語，目的語，補語として用いられるだけでなく，形容詞句や副詞句の中心となる語としても用いられる．名詞はさまざまな語に修飾される点も学習のポイントである．前からは形容詞によって，後ろからは形容詞句によって修飾される．本項では，主にこのような名詞の修飾の方法について述べる．

1 名詞＋前置詞の使い方

名詞は，後ろから形容詞句によって修飾されるが，形容詞句は前置詞に導かれるもの（前置詞句）が多い．

patients with melanoma

名詞　形容詞句

（メラノーマの患者）

使われる前置詞の種類は，修飾される名詞によってそれぞれ異なる．よく使われる名詞＋前置詞の組合わせには以下のようなものがある．

◆よく使われる名詞＋前置詞

		用例数
addition of ～	～の添加	4,538
addition to ～	～への添加	634
effect of ～	～の影響	9,570
effect on ～（❶）	～に対する影響	8,007

evidence for ～（❷）	～の証拠	3,506
evidence of ～	～の証拠	3,060
levels of ～	～のレベル	15,960
levels in ～	～におけるレベル	381
mechanism of ～	～の機構	5,470
mechanism for ～	～のための機構	2,865
model of ～	～のモデル	5,034
model for ～	～のモデル	2,628
patients with ～（❸）	～の患者	5,192
role for ～	～の役割	6,367
role of ～	～の役割	12,346
role in ～	～における役割	16,667
response to ～	～への応答	2,453
treatment of ～	～の処置	6,339
treatment with ～	～による処置	1,379

❶ Further studies showed that PCPE-1 had no effect on the ability of BMP-1 to cleave chordin.（*J Biol Chem. 2005 280:22616*）

訳 PCPE-1 は，コーディンを切断する BMP-1 の能力に対する影響をもたなかった

❷ We provide evidence for a role for RIP140 in mediating anti-estrogenic effects of RA.（*J Biol Chem. 2005 280:7829*）

訳 われわれは，～の証拠を提供する

❸ Antitumor effects short of confirmed partial responses were observed in patients with melanoma, non-small-cell lung cancer, and renal cell carcinoma.（*J Clin Oncol. 2005 23:6107*）

訳 ～が，メラノーマの患者において観察された

2 名詞＋現在分詞の使い方

名詞を後ろから修飾する形容詞句には，前置詞に導かれるものだけでなく現在分詞によって導かれるもの（分詞句）もある．

Mice lacking functional CD1d genes
名詞　　形容詞句
（機能的なCD1d遺伝子を欠くマウス）

以下，代表的な名詞＋現在分詞の例を示す．

◆よく使われる名詞＋現在分詞

		用例数
cells expressing ～	～を発現する細胞	2,449
cells lacking ～	～を欠く細胞	566
gene encoding ～	～をコードする遺伝子	1,192
mechanism involving ～	～に関与する機構	332
mechanisms regulating ～	～を調節する機構	198
mechanisms underlying ～（❶）	～の根底にある機構	901
mice expressing ～	～を発現するマウス	595
mice lacking ～（❷）	～を欠くマウス	1,073
pathway involving ～（❸）	～に関与する経路	181
pathway leading to ～	～につながる経路	120
studies using ～	～を使う研究	724

❶ We sought to understand the molecular **mechanisms underlying** erythrocyte phagocytosis by Entamoeba histolytica.（*Infect Immun. 2005 73:3422*）

訳 われわれは，赤血球貪食の根底にある分子機構を理解しようと努めた

❷ **Mice lacking** functional CD1d genes were used to study mechanisms of resistance to the protozoan parasite Toxoplasma gondii.（*J Immunol. 2005 174:7904*）

訳 機能的な CD1d 遺伝子を欠くマウスが，～の機構を研究するために使われた

❸ TIMP-1 inhibits intrinsic apoptosis by inducing TIMP-1 specific cell survival **pathways involving** focal adhesion kinase（FAK）.（*Cancer Res. 2005 65:898*）

訳 接着斑キナーゼ（FAK）に関わる TIMP-1 特異的な細胞生存経路

3 名詞＋過去分詞の使い方

名詞を後ろから修飾する形容詞句は，過去分詞によって導かれる場合もある．受動態で用いられる他動詞がこのパターンでも使われることが多い．

genes involved in RNA processing

名詞　形容詞句

（RNAプロセシングに関与する遺伝子）

以下，代表的な名詞＋過去分詞の例を示す．

◆よく使われる名詞＋過去分詞

		用例数
apoptosis induced by ～	～によって誘導されるアポトーシス	470
cells treated with ～ （❶）	～によって処置された細胞	543
changes associated with ～	～と関連する変化	206
changes induced by ～	～によって誘導される変化	110
factors associated with ～ （❷）	～と関連する因子	276
factors involved in ～	～に関与する因子	195
genes associated with ～	～と関連する遺伝子	167
genes expressed in ～	～において発現する遺伝子	124
genes involved in ～ （❸）	～に関与する遺伝子	1,032
genes required for ～	～のために必要とされる遺伝子	241
mechanisms involved in ～	～に関与する機構	318
mice treated with ～	～によって処置されたマウス	449
proteins involved in ～	～に関与するタンパク質	572
protein required for ～	～のために必要とされるタンパク質	168
protein expressed in ～	～において発現するタンパク質	100
patients treated with ～	～によって処置された患者	403

❶ Indeed, VEGF mRNA and protein was detectable in cells treated with cathepsin B inhibitor, which correlated with a rise in the level of HIF-1α. (*Mol Biol Cell. 2005 16:3488*)

訳 VEGF メッセンジャー RNA およびタンパク質は，カテプシン B 抑制剤によって処理された細胞において検出可能であった

❷ The high prevalence of H. pylori infection among non–Hispanic blacks and Mexican Americans is partially explained by other factors associated with infection.（*J Infect Dis. 2000 181:1359*）

訳 ～は，感染と関連する他の因子によって部分的には説明される

❸ Interestingly, a large number of genes involved in RNA processing showed distinct down-regulation during the initial liver phase of infection.（*J Infect Dis. 2005 191:400*）

訳 RNA プロセシングに関与する多数の遺伝子が，明確な下方制御を示した

4 名詞＋形容詞の使い方

名詞を修飾する形容詞句は，形容詞によって導かれる場合もある．よく用いられる名詞＋形容詞の例については，第１章-Ⅱに示してある．

The mechanisms responsible for these processes

名詞　形容詞句

（これらの過程に責任のある機構）

❶ The mechanisms responsible for these processes are poorly understood.（*Mol Biol Cell. 2006 17:990*）

訳 これらの過程に責任のある機構は，あまり理解されていない

levels similar to those

名詞　形容詞句

（それらに類似したレベル）

❷ The thickness of the outer plexiform layer and the number of photoreceptor terminals in Cabp4 $^{-/-}$ Gnat1 $^{-/-}$ mice were reduced to levels similar to those of Cabp4 $^{-/-}$ mice.（*Invest Ophthalmol Vis Sci. 2005*

46:4320)
訳 Cabp4 $^{-/-}$ マウスのそれらに類似したレベルに低下した

5 形容詞＋名詞の使い方

形容詞は前から名詞を修飾する．名詞の修飾としては，これが最も多いパターンである．

important role
形容詞　名詞
（重要な役割）

名詞にはそれぞれよく使われる形容詞があり，また，それらはしばしば類似した意味をもつ傾向にある．以下に role，mechanism，analysis とともに用いられる形容詞の代表的な例を示す．

◆ role とともに用いられる形容詞

		用例数
important role（❶）	重要な役割	3,887
critical role	決定的な役割	1,898
key role	鍵となる役割	1,051
essential role	必須の役割	905
central role	中心的な役割	856
major role	主要な役割	702
potential role	潜在的な役割	618
functional role	機能的な役割	547
crucial role	決定的な役割	546
significant role	重要な役割	493
possible role	可能な役割	445
pivotal role	中心的な役割	414
regulatory role	調節的な役割	377
direct role	直接の役割	338
novel role	新規の役割	336

physiological role	生理的な役割	298

❶ Oxidation of low-density lipoprot（LDL）may play an important role in atherosclerosis.（*Proc Natl Acad Sci USA. 2005 102:10472*）
訳 低密度リポタンパク質（LDL）の酸化は，アテローム硬化症において重要な役割を果たすかもしれない

◆ mechanism とともに用いられる形容詞

		用例数
molecular mechanism	分子機構	837
novel mechanism（❶）	新規の機構	818
～-dependent mechanism	～依存性の機構	426
important mechanism	重要な機構	305
catalytic mechanism	触媒機構	295
～-independent mechanism	～非依存性の機構	275
regulatory mechanism	調節機構	263
possible mechanism	ありうる機構	236
potential mechanism	潜在的な機構	228
common mechanism	共通の機構	169
general mechanism	一般的な機構	162
new mechanism	新しい機構	151
unknown mechanism	未知の機構	142
kinetic mechanism	動力学的機構	138

❶ These results suggest a novel mechanism for the progression of prostate cancer.（*Cancer Res. 2004 64:8860*）
訳 これらの結果は，前立腺癌の進行の新規の機構を示唆する

◆ analysis とともに用いられる形容詞

		用例数
mutational analysis	変異性解析	524
multivariate analysis	多変量解析	506
genetic analysis（❶）	遺伝解析	495
further analysis	さらなる解析	414
kinetic analysis	動力学的解析	406
phylogenetic analysis	系統的解析	394
functional analysis	機能解析	306
quantitative analysis	定量的解析	289

immunohistochemical analysis	免疫組織化学解析	262
statistical analysis	統計学的解析	237
biochemical analysis	生化学的解析	235
comparative analysis	比較解析	228
structural analysis	構造解析	215

❶ Genome-wide genetic analysis of actual clinical samples is, however, limited by the paucity of genomic DNA available. (*Nucleic Acids Res. 2004 32:e71*)

訳 しかしながら，実際の臨床サンプルのゲノムワイドな遺伝的解析は，利用可能なゲノムDNAの不足によって制限される

V. 動名詞

動名詞は，通常，動名詞句をつくるために使われる．動名詞句は，主語，目的語，補語としても用いられるが，論文においては前置詞句のなかの名詞相当語句としての用例が最も多い．このとき用いられる前置詞としては，in，for，by などが多い．

1 前置詞句をつくる動名詞

前置詞句によく用いられる動名詞のパターンを以下に示す．

> play an important role in regulating ～
>
> 名詞（role） 前置詞句（形容詞句）（in regulating ～）
>
> （～を調節する際に重要な役割を果たす）

◆ in に導かれる前置詞句

		用例数
in regulating ～	～を調節する際に	2,191
role in regulating ～（❶）	～を調節する際に役割を	684
in mediating ～（❷）	～を仲介する際に	1,074
in determining ～	～を決定する際に	848
in developing ～	～を開発する際に	709
in binding	結合する際に	681
in controlling ～	～を制御する際に	622
in modulating ～	～を調節する際に	578
in maintaining ～	～を維持する際に	503
in promoting ～	～を促進する際に	452
in preventing ～	～を阻止する際に	409
in understanding ～	～を理解する際に	379

❶ These observations suggest that Nrdp1 self-ubiquitination and stability could play an important **role in regulating** the activity of this protein. (*Mol Cell Biol. 2004 24:7748*)

訳 ～は，このタンパク質の活性を調節する際に重要な役割を果たしうる

❷ Activity-dependent secretion of BDNF is important **in mediating** synaptic plasticity, but how it is achieved is unclear. (*Neuron. 2005 45:245*)

訳 ～は，シナプス可塑性を仲介する際に重要である

◆ for に導かれる前置詞句

		用例数
for understanding ～ (❶)	～を理解するために	798
for studying ～ (❷)	～を研究するために	641
for identifying ～	～を同定するために	436
for detecting ～	～を検出するために	373
for maintaining ～	～を維持するために	345
for determining ～	～を決定するために	336
for developing ～	～を開発するために	320
for regulating ～	～を調節するために	301
for generating ～	～を産生するために	251
for assessing ～	～を評価するために	227
for predicting ～	～を予測するために	220
for measuring ～	～を測定するために	218

❶ Our findings of DJ-1's mitochondrial localization may have important implications **for understanding** the pathogenesis of PD. (*Hum Mol Genet. 2005 14:2063*)

訳 ～は，PD の病因を理解するための重要な意味をもつかもしれない

❷ The bone sialoprotein (Bsp) gene provides an excellent model **for studying** mechanisms controlling osteoblast-specific gene expression. (*J Biol Chem. 2005 280:30845*)

訳 ～は，骨芽細胞特異的な遺伝子発現を制御する機構を研究するための優れたモデルを提供する

◆ by に導かれる前置詞句

		用例数
by recruiting ～ (❶)	～を動員することによって	180
by replacing ～	～を置換することによって	178

by changing ～	～を変化させることによって	167
by showing ～	～を示すことによって	163
by affecting ～	～に影響することによって	160
by forming ～	～を形成することによって	160
by interfering ～	～を干渉することによって	157
by suppressing ～	～を抑制することによって	149
by disrupting ～	～を破壊することによって	148
by facilitating ～	～を促進することによって	146

❶ pVHL also directly inhibits HIF-1α transactivation **by recruiting** histone deacetylases. (*EMBO J. 2003 22:1857*)

訳 ～は，ヒストンデアセチラーゼを動員することによって HIF-1α のトランス活性化を抑制する

2 文頭で主語として用いられる動名詞

文頭の動名詞は，主語となる動名詞句を導くことが多い．

Reducing the expression of Ring2 results in ～

S（動名詞句）　V

（Ring2の発現を低下させることは，～という結果になる）

◆文頭で主語として用いられる動名詞

		用例数
Blocking ～（❶）	～をブロックすること	332
Inhibiting ～	～を抑制すること	116
Reducing ～（❷）	～を低下させること	104
Determining ～	～を決定すること	61

❶ **Blocking** the expression of the adapter protein MyD88 established a role for MyD88 in CXCL8 production, whereas CCL5 synthesis was found to be MyD88 independent. (*J Virol. 2005 79:3350*)

訳 アダプタータンパク質 MyD88 の発現をブロックすることが，～におけ

る MyD88 の役割を確立した

❷ Reducing the expression of Ring2 results in a dramatic decrease in the level of ubiquitinated H2A in HeLa cells. (*Nature. 2004 431:873*)

訳 Ring2 の発現を低下させることは，～の劇的な低下という結果になる

VI. 助動詞

論文でよく用いられる助動詞には，下に示すようなものがある．may と can の用例が特に多い．これらは推量や可能性，必然性などを表すために用いられる．一部の助動詞は論文でもよく使われるが，あまり多用しすぎるのは好ましくない．また，置かれる場所は動詞の直前に決まっているので，スタイル的にもワンパターンになりやすい．

◆論文でよく用いられる助動詞

助動詞	用例数
may	49,552
might	5,381
can	42,954
could	15,349
should	5,463
must	3,015

1 may と might の比較

may は論文で非常によく使われる．that 節のなかで用いられることが比較的多く，特に suggest + that 節のなかの用例が多い．might は may より控えめな表現として用いられるが，論文での使用頻度は may に比べてはるかに低い．

Ⓐ may

may は「〜かもしれない」という意味で，可能性や推量を示す．

◆ may を用いた代表的な表現

		用例数
may be 〜	〜であるかもしれない	15,675
may be involved in 〜（❶）	〜に関与するかもしれない	789

may be associated with ～	～に関連しているかもしれない	302
may have ～	～をもつかもしれない	2,835
may play ～（❷）	～を果たすかもしれない	2,380
may contribute to ～	～に寄与するかもしれない	2,136
may provide ～	～を提供するかもしれない	1,481
may represent ～	～を示すかもしれない	945
may serve	働くかもしれない	696
may function	機能するかもしれない	610
may explain ～	～を説明するかもしれない	586
suggest that ～ may …	～が…するかもしれないということを示唆する	3,057

❶ Together these results indicate that a CK1-Cdk5-DARPP-32 cascade may be involved in the regulation by mGluR agonists of Ca^{2+} channels（*Proc Natl Acad Sci USA. 2001 98:11062*）

訳 CK1-Cdk5-DARPP-32 カスケードは，～による調節に関与しているかもしれない

❷ These data suggest that down regulation of DOC-2/hDab2 may play an important role in the development of gestational trophoblastic diseases.（*Oncogene. 1998 17:419*）

訳 DOC-2/hDab2 の下方制御は，～の発症において重要な役割を果たすかもしれない

わずかであるが，過去の推量「～だったかもしれない」を示す完了形の用例（may have ＋過去分詞）（❸）もある．

❸ Thus, CVLF may have evolved to serve as a regulator of cellular traffic.（*Proc Natl Acad Sci USA. 2004 101:10072*）

訳 CVLF は，～の調節因子として役立つように進化したのかもしれない

Ⓑ might

might は，「ひょっとして～かもしれない」という意味で，may より低い可能性に対して用いられる．通常，過去の意味には用いられないが，間接話法において may の過去形として使われる．may と同様に that 節のなか，特に suggest(ed) ＋ that 節で使われることが多い．科学論文で

は，仮定法的な使い方はあまりされない．

◆ might を用いた代表的な表現

		用例数
might be ～（❶）	～であるかもしれない	1,830
might be involved in ～	～に関与しているかもしれない	107
might have ～	～をもつかもしれない	266
might play ～	～を果たすかもしれない	194
might contribute to ～	～に寄与するかもしれない	179

❶ Moreover, our findings suggest that ATF2 might be a useful prognostic marker in early-stage melanoma. （*Cancer Res. 2003 63:8103*）

訳 われわれの知見は，ATF2 が～における有用な予後マーカーであるかもしれないということを示唆する

2 can と could の比較

can と could は，能力や可能性を表し，論文でも比較的よく用いられる．

Ⓐ can

can は，「～できる」「～でありうる」という意味で能力や可能性を示す．can の用例の方が多い．could の方がやや弱い表現である．

◆ can を用いた代表的な表現

		用例数
can be ～	～でありうる	17,302
can be used（❶）	使われうる	2,066
can be detected	検出されうる	358
can induce（❷）	誘導できる	732
can occur	起こりうる	662
can lead to ～	～につながりうる	588
can bind	結合できる	573
can cause ～	～を引き起こしうる	441
can provide ～	～を提供しうる	400

❶ Our results demonstrate that ChIP-chip data can be used to identify interacting binding site motifs. （*Bioinformatics. 2005 S1:i403*）

訳 ChIP-chip データは，～を同定するために使われうる

❷ These results suggest that TRAIL can induce apoptosis in premalignant cells and suggests a novel therapy for the treatment of premalignant lesions *in vivo*. (*Am J Pathol. 2004 165:1613*)

訳 TRAIL は，前癌細胞のアポトーシスを誘導できる

Ⓑ could

could は，can の過去形として用いられる．能力や可能性や推量を can よりやや控えめに表現する（「～できるかもしれない」「～でありうる」）場合は現在の意味で使われる．見込みを表す may に近い意味でも用いられる．科学論文では，仮定法的な用法にはあまり用いられない．

◆ could を用いた代表的な表現

		用例数
could be ～	～でありうる	6,396
could be used	使われうる	385
could be detected（❶）	検出されうる	343
could have ～	～をもちうる	370
could contribute to ～	～に寄与しうる	268
could provide ～	～を提供しうる	264

❶ Despite the presence of mature cathepsin L protein, no enzyme activity could be detected in B cells or dendritic cells. (*J Biol Chem. 2001 276:22573*)

訳 酵素活性は，B 細胞において検出され得ない

3 should と must の比較

should と must は「当然の推定」を表すためによく似た意味で使われる．must の方がより強い表現である．どちらも論文で用いられることがある．

Ⓐ should

should は，「～すべきである」「～のはずである」の意味で用いられる．

◆ should を用いた代表的な表現

		用例数
should be ～	～されるべきである	2,605
should be considered（❶）	考慮されるべきである	332
should provide ～（❷）	～を提供するはずである	166

❶ Autoimmune hepatitis should be considered in all patients with acute or chronic liver disease.（*Curr Opin Gastroenterol. 2005 21:293*）

訳 自己免疫性肝炎は，～において考慮されるべきである

❷ These results should provide insights into the molecular control of OIP-1 gene expression and inhibition of OCL activity in the bone microenvironment.（*Gene. 2006 371:16*）

訳 これらの結果は，OIP-1 遺伝子発現の分子制御への洞察を提供するはずである

B must

must は，「～しなければならない」「～に違いない」の意味で，should より強い意味をもつ．

◆ must を用いた代表的な表現

		用例数
must be ～（❶）	～されねばならない	1,410
must occur（❷）	起こるに違いない	63

❶ This information must be considered in interpretation of test results.（*J Clin Microbiol. 2002 40:2612*）

訳 この情報は，テスト結果の解釈において考慮されねばならない

❷ Synaptonemal complex（SC）assembly must occur between correctly paired homologous chromosomes to promote formation of chiasmata.（*Genes Dev. 2005 19:2727*）

訳 シナプトネマ構造（SC）の組み立ては，～の間で起こるに違いない

Ⅶ. 前置詞の種類と用法

前置詞句は文を組み立てるために便利なものであり，複雑な内容を論理的に説明するためには欠かすことができない．しかし，そこでどの前置詞を使うべきかを適切に判断するのはなかなか難しい．前置詞の種類は比較的少ないものの，同じような意味をもつものがいくつもあるからだ．例えば，場所を表す前置詞には in，on，at の3つがある．ただし，in は「～のなかで」，on は「～の表面で」，at は「～の一点で」という明確な違いがあるのでこれらは比較的わかりやすい．

では，以下のような場合はどうだろうか．「increase in であって increase of ではない理由は何か？」，「なぜ related to なのに correlated with なのか？」などはなかなか答えることが難しいのではないだろうか．しかし，一方では associated with，correlated with，coupled with，complexed with や essential for，necessary for，sufficient for，responsible for などのように，似た意味の単語は同じ前置詞を伴うという当然とも思える法則も見出される．このようなさまざまな特徴を理解しつつ前置詞の使い方を習得していくことが本項および次項の狙いである．

前置詞の用法としては，副詞句や形容詞句として使われる前置詞句を導くことが多い．そのうち副詞句は，動詞や形容詞を後ろから修飾したり，文全体を修飾したりする（ただし，前置詞は前の動詞や形容詞との結び付きが強いので，それらと関連付けて学習する方がよい）．

動詞＋副詞句（前置詞句）

D2 receptor is involved in the regulation

動詞　副詞句

（D2受容体は，調節に関与している）

形容詞＋副詞句（前置詞句）

FA formation is dependent on its surface adsorption

形容詞　副詞句

（FAの形成は，それの表面への吸着に依存する）

文全体を修飾する副詞句（前置詞句）

In this study, ＿＿～＿＿

副詞句　文全体

（この研究では，～）

一方，形容詞句は名詞を後ろから修飾する．名詞の後の前置詞句は，直前の名詞を修飾することが多いが，それより前の動詞や名詞を修飾することもあるので注意が必要である．

名詞＋形容詞句（前置詞句）

patients with melanoma

名詞　形容詞句

（メラノーマの患者）

本項では，このような前置詞と動詞（過去分詞），名詞，形容詞との組合わせの分析をたくさんの実例とともに示してある．前置詞のなかには，非常に多様な意味をもつものもあるが，論文でよく使われる用法は比較的限られており，また，ともに使われる動詞/名詞/形容詞の組合わせの種類もそれほど複雑ではないことがわかるはずだ．さらに，意味の似た前置詞の使い分けについては次項（第1章-Ⅷ）で詳しく述べる．

ここで取り上げる前置詞の種類には以下のようなものがある．用例数とともに示す.

◆論文で用いられる前置詞とその使用頻度

	用例数
of	1,333,919
in	855,726
to	571,816
with	314,813
for	260,470
by	248,762
from	130,940
as	128,418
on	111,062
at	106,064
between	49,314
after	39,822
during	38,709
into	33,112
within	26,809
through	24,062
among	14,725
over	11,981
under	11,713

	用例数
without	11,657
against	11,514
via	11,175
about	9,403
per	8,406
upon	8,337
before	7,681
despite	6,073
across	4,860
since	4,762
along	4,445
throughout	3,965
toward	3,801
around	2,198
above	2,055
onto	1,794
until	1,777
below	1,532
towards	790

以上は，頻度の高い順に示してあるが，以下の解説では参照しやすいようにアルファベット順に並べてある.

1 about

about は，「～に関して/～について」という意味で用いられることが多い．同じ意味で使われる on との比較については第 1 章-Ⅷの 3-B にまとめてあるので参照していただきたい．また about は，「およそ」という意味の副詞としても用いられる.

Ⓐ 他動詞（過去分詞）＋ about

◆～について〔他動詞（過去分詞）＋ about〕

		用例数
known about ～（❶）	～について知られる	1,825

❶ This protein also exhibits proliferative effects, although little is known about the molecular mechanisms underlying this activity. (*J Biol Chem. 2002 277:29999*)

訳 この活性の根底にある分子機構についてはほとんど知られていない

Ⓑ 名詞＋ about

◆～に関する（名詞＋ about）

		用例数
information about ～（❶）	～に関する情報	795
questions about ～	～に関する疑問	193
knowledge about ～	～に関する知識	92
concerns about ～	～に関する関心	85

❶ These studies provide important new information about the structural bases for substrate specificity in the enolase superfamily. (*Biochemistry. 2004 43:10370*)

訳 これらの研究は，～のための構造的な基礎に関する重要な新しい情報を提供する

2 above

above は，「～の上に」「～を上回って」という意味で用いられる．over などとの使い方の違いをよく比較するとよい．above の場合，前の単語だけでなく後の単語との結び付きも強い．

Ⓐ above ＋名詞

◆～を上回って（above ＋名詞）

		用例数
above baseline（❶）	ベースラインを上回って	53
above control	コントロールを上回って	40
above background	バックグラウンドを上回って	40

❶ Leptin levels were increased 2.2-fold above baseline by dexamethasone. (*Diabetes. 2002 51:2895*)
訳 レプチンレベルは，ベースラインより2.2倍増大した

B 名詞＋ above

◆～以上の/～より上の（名詞＋ above）		用例数
concentrations above ～（❶）	～以上の濃度	43
temperatures above ～	～以上の温度	37

❶ Dex had maximal effect at concentrations above 0.01 μM and was effective on both rat and human MCP-1 transcripts. (*Mol Cell Biol. 1999 19:6471*)
訳 Dexは，0.01 μM以上の濃度において最大の効果をもった

3 across

acrossは，「～を横切って」という意味だが，科学論文では「～を越えて」「～中に」という意味で用いられることが多い．between, amongとの比較は第1章-Ⅷの1-Aに示してある．

A 過去分詞＋ across

◆～を越えて/～中に（過去分詞＋ across）		用例数
conserved across ～（❶）	～を越えて保存される	116
distributed across ～	～中に分布する	83

❶ This NLS is conserved across species, among a subfamily of T-box proteins including Brachyury and Tbx10, and among additional nuclear proteins. (*Hum Mol Genet. 2005 14:885*)
訳 このNLSは，種を越えて保存されている

B 名詞＋ across

◆～を越える（名詞＋ across）		用例数
transport across ～（❶）	～を越える輸送	114

translocation across ～	～を越える移行	61
migration across ～	～を越える遊走	47

❶ Monocarboxylate transporters（MCTs）mediate lactate transport across the plasma membrane of cells.（*Circulation. 2005 112:1353*）
訳 モノカルボン酸輸送体（MCT）は，細胞の原形質膜を越える乳酸輸送を仲介する

4 after

after は，「～のあと」という意味で用いられる．接続詞としての用例も多い．

Ⓐ 他動詞（過去分詞）＋ after

◆～のあと〔他動詞（過去分詞）＋ after〕

		用例数
observed after ～（❶）	～のあと観察される	344
decreased after ～	～のあと低下する	118
seen after ～	～のあとみられる	117

❶ These inhibitory effects were not observed after treatment of the platelets with the intracellular Ca^{2+} chelator BAPTA-AM.（*Blood. 1996 87:152*）
訳 これらの抑制的影響は，～による血小板の処理のあとは観察されなかった

Ⓑ 名詞＋ after

◆～のあと（名詞＋ after）

		用例数
… days after ～（❶）	～のあと…日	1,383
… h after ～	～のあと…時間	1,155
… weeks after ～	～のあと…週	856
… months after ～	～のあと…カ月	793

❶ Encephalitis developed in all four recipients within 30 days after transplantation and was accompanied by rapid neurologic deterioration characterized by agitated delirium, seizures, respiratory failure, and

coma. (*N Engl J Med. 2005 352:1103*)
訳 脳炎が，移植のあと 30 日以内に 4 人のレシピエントすべてにおいて発症した

C 副詞＋ after

◆～のあと（副詞＋ after）

		用例数
immediately after ～（❶）	～の直後	454
even after ～	～のあとでさえ	408
only after ～	～のあとにのみ	326
shortly after ～	～のすぐあと	254

❶ Because null KIF5A mutants die immediately after birth, a synapsin-promoted Cre recombinase transgene was used to direct inactivation of KIF5A in neurons postnatally. (*J Cell Biol. 2003 161:55*)
訳 ヌルの KIF5A 変異体は出生の直後に死亡するので

D after ＋名詞句

◆～後（after ＋名詞句）

		用例数
after ～ h（❶）	～時間後	435
after ～ days	～日後	348
after ～ weeks	～週後	347

❶ After 24 h of treatment, the expression of most of the genes that had exhibited altered expression after 1 h of treatment had returned to baseline levels. (*Gene. 2003 308:67*)
訳 治療の 24 時間後

5 against

against は，「～に対して/～に対抗して」という意味で用いられる．for とは逆の意味合いをもつ．on，for，to，over との比較については，第 1 章-Ⅷの 3-A にまとめてある．

Ⓐ 他動詞（過去分詞）＋ against

◆～に対して〔他動詞（過去分詞）＋ against〕		用例数
directed against ～（❶）	～に対して向けられる	644
raised against ～	～に対して産生される	250
tested against ～	～に対してテストされる	84
generated against ～	～に対して産生される	68
evaluated against ～	～に対して評価される	38
targeted against ～	～に対して向けられる	37

❶ After high-temperature antigen unmasking, sections were incubated with mouse monoclonal antibodies **directed against** CD3, CD4, CD8, CD16, and CD20. (*Arthritis Rheum. 2005 52:73*)

訳 切片は，CD3，CD4，CD8，CD16 および CD20 に対して向けられたマウスのモノクローナル抗体とインキュベートされた

Ⓑ 自動詞＋ against

◆～に対抗して（自動詞＋ against）		用例数
protect against ～（❶）	～に対抗して防護する	385
argue against ～	～に反対論を唱える	87

❶ Virus-like particle constructs containing human papillomavirus capsid proteins have been shown to **protect against** human papillomavirus infection. (*Curr Opin Oncol. 2005 17:456*)

訳 ～は，ヒトパピローマウイルス感染に対抗して防護することが示されている

Ⓒ 名詞＋ against

◆～に対する（名詞＋ against）		用例数
protection against ～（❶）	～に対する保護	927
antibodies against ～	～に対する抗体	622
activity against ～（❷）	～に対する活性	596
defense against ～	～に対する防御	332
responses against ～	～に対する応答	269
immunity against ～	～に対する免疫	223
vaccine against ～	～に対するワクチン	106

resistance against ～	～に対する抵抗	74
effect against ～	～に対する効果	73

❶ Both circulating and mucosal antibodies are considered important for protection against infection by influenza virus in humans and animals. (*J Virol. 2001 75:7956*)

訳 ～は，インフルエンザウイルスによる感染に対する保護のために重要であると考えられる

❷ Selected analogues were tested for inhibitory activity against endothelial cell proliferation and invasion. (*Cancer Res. 2003 63:1538*)

訳 選択されたアナログが，内皮細胞の増殖と浸潤に対する抑制性の活性に関してテストされた

D 形容詞＋ against

◆～に対して/～に対抗して（形容詞＋ against）		用例数
active against ～	～に対して活性のある	124
protective against ～（❶）	～に対して保護的な	122
effective against ～	～に対して効果的な	119

❶ Additionally, we demonstrated that antibodies generated against TcpF are protective against experimental V. cholerae infection in the infant mouse cholera model. (*Infect Immun. 2005 73:4461*)

訳 TcpF に対して産生された抗体は，実験的なコレラ菌感染に対して保護的である

6 along

along は，「～に沿って」という意味で用いられる．

A 他動詞（過去分詞）＋ along

◆～に沿って〔他動詞（過去分詞）＋ along〕		用例数
distributed along ～（❶）	～に沿って分布する	42

❶ In the small intestine, ACAT-2 is concentrated at the apices of the villi, whereas ACAT-1 is uniformly distributed along the villus-crypt axis. (*J Biol Chem. 2000 275:28083*)

訳 ACAT-1 は，～に沿って一様に分布する

Ⓑ 名詞＋ along

◆～に沿った（名詞＋ along）

		用例数
positions along ～（❶）	～に沿った位置	37
expression along ～	～に沿った発現	34

❶ Subclasses of motor neurons are generated at different positions along the rostrocaudal axis of the spinal cord. (*Neuron. 2001 32:997*)

訳 運動ニューロンのサブクラスは，脊髄の体軸に沿った異なる位置において産生される

7 among

among は，「～の間に」「～のなかに」という意味で，3 者以上の間で比較する場合に用いられる．2 者の場合は between を用いる．

Ⓐ 他動詞（過去分詞）＋ among

◆～の間に〔他動詞（過去分詞）＋ among〕

		用例数
conserved among ～（❶）	～の間で保存される	445
observed among ～	～の間に観察される	155
found among ～	～の間にみつけられる	121
distributed among ～	～の間に分布する	77

❶ The genomic sequence surrounding the poly(A) site is highly conserved among all vertebrates, but is not present in non-vertebrate species. (*Gene. 2006 366:325*)

訳 そのポリ A 部位の周りのゲノム配列は，すべての脊椎動物の間で高度に保存されている

Ⓑ 自動詞＋ among

◆～のなかに（自動詞＋ among）

		用例数
are among ～（❶）	～のなかにある	185

❶ Opioids are among the most effective analgesics, but a major limitation for their therapeutic usefulness is their induction of respiratory depression. (*Brain Res. 2005 1059:159*)

訳 オピオイドは，最も効果的な鎮痛薬のなかにある

Ⓒ 名詞＋ among

◆～の間の（名詞＋ among）

		用例数
interactions among ～（❶）	～の間の相互作用	273
differences among ～	～の間の違い	216
relationships among ～	～の間の関連	190
mortality among ～	～の間の死亡率	117

❶ Interactions among multiple genes play fundamental roles in the genetic control and evolution of complex traits. (*Genetics. 2003 165:867*)

訳 複数の遺伝子の間の相互作用は，遺伝的制御における基本的な役割を果たす

Ⓓ 形容詞＋ among

◆～の間で（形容詞＋ among）

		用例数
common among ～（❶）	～の間でよくある	149
unique among ～	～の間でユニークな	134
similar among ～	～の間で類似した	89

❶ Serious adverse events were more common among patients in the timolol group than among those in the placebo group (18 percent vs. 6 percent, P=0.006). (*N Engl J Med. 2005 353:2254*)

訳 重症の有害事象は，チモロール群の患者の間でよりよくあった

8 around

around は，「～の周りに」「～のあちこちの」「～のころに」という意味で用いられる．across と近い意味で使われることがある．

Ⓐ around ＋名詞句

◆～のあちこち/～のころに（around ＋名詞句）

		用例数
around the world（❶）	世界のあちこち	51
around the time of ～	～のときのころに	38

❶ Calcitriol ointment has been approved for the treatment of psoriasis in many countries around the world.（*J Invest Dermatol. 2003 121:594*）
訳 世界のあちこちの多くの国において

9 as

as は「～として」という意味で用いられる．前置詞だけでなく，接続詞の用例も非常に多い．

Ⓐ 他動詞（過去分詞）＋ as

◆～として〔他動詞（過去分詞）＋ as〕

		用例数
used as ～（❶）	～として使われる	2,120
identified as ～（❷）	～として同定される	2,072
known as ～（❸）	～として知られる	1,750
defined as ～	～として定義される	912
expressed as ～	～として発現される	515
classified as ～	～として分類される	449
implicated as ～	～として関連づけられる	391
proposed as ～	～として提案される	340
described as ～	～として述べられる	320
recognized as ～	～として認識される	289
characterized as ～	～として特徴づけられる	241

❶ In the present study, the involucrin gene was used as a model to study this regulation. (*Invest Ophthalmol Vis Sci. 2005 46:1219*)

訳 インボルクリン遺伝子が，この調節を研究するためのモデルとして使われた

❷ Smad was identified as a component of the CAGACA-binding transcription complex in TGF-β-treated fibroblasts by antibody super-shifting. (*J Invest Dermatol. 1999 112:49*)

訳 Smad は，CAGACA 結合転写複合体の構成成分として同定された

❸ The biological effects of TNF-α are mediated by binding to TNF receptors TNFR1 (also known as P60) or TNFR2 (also known as P80). (*Nat Med. 2005 11:1066*)

訳 P60 としても知られている

第1章

B 自動詞＋ as

◆～として（自動詞＋ as）

		用例数
serve as ～（❶）	～として役立つ/～として働く	1,916
function as ～（❷）	～として機能する	1,892
act as ～	～として作用する	1,581
emerged as ～	～として現れた	283
exists as ～	～として存在する	235

❶ Because this transporter and its mammalian homologs are functionally similar, we suggest that SdcS may serve as a useful model for DASS family structural analysis. (*J Bacteriol. 2005 187:5189*)

訳 SdcS は，～の有用なモデルとして役立つかもしれない

❷ Since BRCA2 appear to function as a transcriptional factor, we have tested for Histone acetyl transferase (HAT) activity of BRCA2. (*Oncogene. 1998 16:2283*)

訳 BRCA2 は，転写因子として機能するように思われる

VII

C as ＋過去分詞

as ＋過去分詞は主に「～されるように」という意味で，論文でもしばしば用いられる．使われる頻度が高いものには以下のようなものがある．

◆～されるように（as ＋過去分詞）

		用例数
as compared with ～	～と比べると	1,364
as measured by ～（❶）	～によって測定されるように	1,096
as assessed by ～（❷）	～によって評価されるように	559
as evidenced by ～（❸）	～によって証明されるように	523
as shown by ～（❹）	～によって示されるように	492
as indicated by ～（❺）	～によって示されるように	466
as judged by ～	～によって判定されるように	323
as opposed to ～	～とは対照的に	285
as detected by ～	～によって検出されるように	225
as revealed by ～	～によって明らかにされるように	183
as defined by ～（❻）	～によって定義されるように	161

❶ Similarly, the binding of PS12 to platelets in suspension was reduced by 71.3%, **as measured by** flow cytometry.（*Infect Immun. 1996 64:4915*）
訳 フローサイトメトリーによって測定されたように

❷ AMPK activity, **as assessed by** phosphorylation status, is increased following both middle cerebral artery occlusion and oxygen-glucose deprivation.（*J Biol Chem. 2005 280:20493*）
訳 リン酸化状態によって評価されるように

❸ Further analysis revealed accelerated cell death in WAS lymphocytes **as evidenced by** increased caspase-3 activity.（*Blood. 2000 95:1283*）
訳 増大したカスパーゼ-3 活性によって証明されたように

❹ Hypoxia（2% O_2）and DFO（but not TGF-β1）increased hypoxia-inducible factor-1α **as shown by** Western blotting.（*J Biol Chem. 2005 280:22688*）
訳 ウエスタンブロッティングによって示されるように

❺ Yet, its expression is maintained during development, **as indicated by** the presence of both Udx1 mRNA and Udx1 protein enriched at the surface of all non-mesenchymal blastomeres.（*Dev Biol. 2005 288:317*）
訳 ～において濃縮された Udx1 メッセンジャー RNA および Udx1 タンパク質の両方の存在によって示されるように

❻ CDK4 and CDK6 form a subfamily among the CDKs in mammalian cells, **as defined by** sequence similarities.（*J Med Chem. 2005 48:737*）
訳 配列類似性によって定義されるように

10 at

at は，「～で」「～において」という意味で，場所や時間，程度の一点を示すときに用いられる．

Ⓐ 他動詞（過去分詞）＋ at

◆～において/～で〔他動詞（過去分詞）＋ at〕

◆～において/～で〔他動詞（過去分詞）＋ at〕		用例数
expressed at ～（❶）	～で発現する	992
located at ～（❷）	～に位置する	765
observed at ～	～において観察される	676
measured at ～	～において測定される	451
aimed at ～	～に向けられる	441
found at ～	～においてみつけられる	416
detected at ～	～において検出される	377
determined at ～	～において決定される	373

❶ We report that VHY is **expressed at** high levels in the testis and barely detectable levels in the brain, spinal cord, and thyroid.（*J Biol Chem. 2004 279:32586*）

訳 VHY は，精巣において高いレベルで発現する

❷ The activity of tumor suppression of myopodin is **located at** the C-terminus region.（*Am J Pathol. 2004 164:1799*）

訳 myopodin の腫瘍抑制の活性は，C 末端領域に位置する

Ⓑ 自動詞＋ at

◆～において（自動詞＋ at）		用例数
occurs at ～（❶）	～において起こる	556

❶ These findings suggest PKC-regulated APP cleavage **occurs at** multiple locations within the cell and both events appear to involve TACE.（*Biochemistry. 2000 39:15282*）

訳 PKC に調節される APP の切断は，複数の部位で起こる

Ⓒ 名詞＋ at

「名詞＋ of ＋名詞＋ at」の場合（本項 22-A 参照）など直前の名詞ではなく，それより前の名詞や動詞を修飾する場合もある．

◆～における（名詞＋ at）

		用例数
cells at ～	～における細胞	773
age at ～（❶）	～の年齢/～における年齢	617
mutations at ～	～における変異	519
phosphorylation at ～	～におけるリン酸化	489
activity at ～	～における活性	476
residues at ～	～における残基	436

❶ The average **age at** onset of symptoms was 38.9 +/− 0.73 yr and at diagnosis was 41.0 +/− 0.65 yr.（*Am J Respir Crit Care Med. 2006 173:105*）

訳 症状の発生の平均年齢は，～であった

Ⓓ 形容詞＋ at

◆～において/～で（形容詞＋ at）

		用例数
present at ～	～において存在する	711
available at ～（❶）	～において利用できる	298
effective at ～	～において効果的な	209

❶ Gemoda is freely **available at** http://web.mit.edu/bamel/gemoda.（*Bioinformatics. 2006 22:21*）

訳 Gemoda は，～において無料で利用できる

Ⓔ at に導かれる副詞句

◆～において/～で（at に導かれる副詞句）

		用例数
at position ～（❶）	～の位置で	1,178
at baseline（❷）	ベースラインで/最初に	1,169
at the time of ～	～のときに	951
at the level of ～	～のレベルで	871
at the end of ～	～の終わりに	553

at pH 7	pH 7 で	425
at high levels	高いレベルで	369
at the plasma membrane	原形質膜において	355
at the same time	同時に	341

❶ In previous studies, we have shown that the amino acid residues at positions 217 and 221 in VP2 are implicated in virulence. (*J Virol. 2005 79:10289*)

訳 VP2 の 217 および 221 番目の位置のアミノ酸残基は，病原性に関与する

❷ IL-6 was measured at baseline and at follow-up 1 and 2 years later, and all-cause mortality was determined over a 5-year period. (*Am J Epidemiol. 2006 163:18*)

訳 IL-6 が，最初とフォローアップの 1 および 2 年後に測定された

F at に導かれる副詞句（時間経過を示すもの）

◆～で/～において
〔at に導かれる副詞句（時間経過を示すもの）〕

		用例数
at ～ months	～カ月で	959
at ～ h（❶）	～時間で	893
at ～ days	～日で	776
at ～ weeks	～週で	652

❶ At 1 h after the peak of p-ERK expression these cap cells express c-fos, Period1, and Period2.

訳 p-ERK 発現のピークのあと 1 時間で

11 before

before は，「～の前」という意味で用いられる．after「～のあと」と対で用いられることも多い．

A 名詞＋ before

◆～の前（名詞＋ before）

		用例数
… days before ～	～の前…日	176

… years before ～ (❶)	～の前…年	106
… min before ～	～の前…分	102

❶ The probability of testing positive for BOS 0-p FEV_1 in patients with BOS (sensitivity) was 71% at 2 years before the onset of BOS. (*Am J Respir Crit Care Med. 2005 172:379*)
訳 ～は，BOS の発症の 2 年前において 71 %であった

Ⓑ 副詞＋ before

◆～前（副詞＋ before）

		用例数
just before ～	～のすぐ前	103
immediately before ～ (❶)	～のすぐ前	96

❶ Antibody levels for the 25 patients who received transplants also were measured immediately before and 3 months after transplantation. (*J Infect Dis. 2000 181:757*)
訳 ～が，移植の直前と 3 カ月後に測定された

12 below

below は，「～より下の」という意味で使われる．「～より上の」という意味には above が用いられる．

Ⓐ 名詞＋ below

◆～より下の（名詞＋ below）

		用例数
concentrations below ～	～より下の濃度	40
levels below ～ (❶)	～より下のレベル	39
temperatures below ～	～より下の温度	32

❶ In SC-CA1, it was depressed by agonists to levels below control, whereas it was significantly increased by chelerythine. (*Brain Res. 2003 990:28*)
訳 ～は，アゴニストによって，コントロールより下のレベルに低下させられた

13 between

between は，「～の間に」という意味で用いられる．2 者間を比較する場合などに使う．3 者以上を比較する場合には among を用いる．

Ⓐ 他動詞（過去分詞）＋ between

◆～の間に〔他動詞（過去分詞）＋ between〕

		用例数
observed between ～（❶）	～の間に観察される	595
found between ～	～の間にみつけられる	496
located between ～	～の間に位置する	303
conserved between ～	～の間で保存される	254
formed between ～	～の間に形成される	219

❶ No differences in the binding affinity of recombinant Sp1 were observed between the two forms of the promoter.（*J Immunol. 2004 173:3215*）

訳 組換え型 Sp1 の結合親和性の違いは，2 つの型のプロモーターの間には観察されなかった

Ⓑ 自動詞＋ between

◆～の間で（自動詞＋ between）

		用例数
differ between ～（❶）	～の間で異なる	317
distinguish between ～（❷）	～（の間）を区別する	312
discriminate between ～	～の間を識別する	224
exists between ～	～の間に存在する	175
occurs between ～	～の間で起こる	131

❶ Overall survival did not differ between the two groups（P=0.25）.（*Transplantation. 2005 79:244*）

訳 全体の生存率は，2 つのグループの間で異ならなかった

❷ To distinguish between these possibilities, we performed rescue experiments.（*J Cell Biol. 2002 159:589*）

訳 これらの可能性を区別するために

C 名詞＋ between

◆～の間の（名詞＋ between）

		用例数
interaction between ～（❶）	～の間の相互作用	3,125
relationship between ～	～の間の関連性	2,577
association between ～	～の間の関連	1,725
differences between ～	～の間の違い	1,709
correlation between ～	～の間の相関	1,644
link between ～	～の間のつながり	1,030
relation between ～	～の間の関連	525
region between ～	～の間の領域	374
balance between ～	～の間のバランス	356

❶ Our data demonstrated that the **interaction between** the two molecules is regulated by alternative splicing of the AIDA-1 proteins.（*J Biol Chem. 2004 279:49105*）

訳 2つの分子の間の相互作用は，～によって調節される

D 形容詞＋ between

◆～の間で（形容詞＋ between）

		用例数
different between ～（❶）	～の間で異なる	309
similar between ～	～の間で類似している	205

❶ The total IgE concentration was not significantly **different between** groups.（*Am J Clin Nutr. 2005 82:504*）

訳 総 IgE 濃度は，グループ間で有意には異ならなかった

14 by

by は，「～によって」という意味で用いられることが多いが，程度を表す「～だけ」の意味でも使われる．「～によって」という意味では，through，via，with も用いられる（第 1 章-Ⅷの 1-C，2-B 参照）．

Ⓐ 他動詞（過去分詞）＋ by

過去分詞＋ by は，「～によって」と「～だけ」の 2 つの意味で用いられる．

◆～によって〔他動詞（過去分詞）＋ by〕

		用例数
induced by ～（❶）	～によって誘導される	6,800
mediated by ～	～によって仲介される	5,545
followed by ～（❷）	～によって伴われる	4,569
caused by ～	～によって引き起こされる	4,119
regulated by ～	～によって調節される	4,084
characterized by ～	～によって特徴づけられる	4,074
determined by ～	～によって決定される	4,005
inhibited by ～	～によって抑制される	3,565
accompanied by ～	～によって伴われる	2,533
measured by ～	～によって測定される	2,512
activated by ～	～によって活性化される	2,502
blocked by ～	～によってブロックされる	2,412
produced by ～	～によって産生される	2,305

❶ We found that SRG-transfected cells are resistant to apoptosis **induced by** cytokine/serum deprivation. （*Cancer Res. 2005 65:10716*）

訳 SRG をトランスフェクトされた細胞は，サイトカイン/血清欠乏によって誘導されるアポトーシスに抵抗性である

❷ The decrease in glucose transport was **followed by** a decrease in cellular ATP levels. （*J Neurosci. 1997 17:1046*）

訳 グルコース輸送の低下は，細胞の ATP レベルの低下を伴った

◆～だけ〔他動詞（過去分詞）＋ by〕

		用例数
reduced by ～（❶）	～だけ低下した	1,494
increased by ～	～だけ増大した	1,268

❶ Additionally, mRNA levels of Scl and Gata1 were **reduced by** approximately 80% in Klf6 $^{-/-}$ yolk sacs. （*Blood. 2006 107:1357*）

訳 Scl および Gata1 のメッセンジャー RNA レベルが，～においておよそ 80 %低下した

Ⓑ 形容詞＋ by

◆～によって（形容詞＋ by）

		用例数
unaffected by ～（❶）	～によって影響されない	920

❶ Th1 cells developed under both conditions, and this was **unaffected by** the presence or absence of IFN-γ in non-T cells. (*J Exp Med. 1998 188:1651*)

訳 これは，IFN-γの存在あるいは非存在によって影響されなかった

Ⓒ 名詞＋ by

「名詞＋ of ＋名詞＋ by」（本項 22-B 参照）など，直前ではなくそれより前の名詞や動詞を修飾する場合もある．

◆～による（名詞＋ by）

		用例数
mechanism by which ～（❶）	（それによって）～である機構	2,162
activation by ～（❷）	～による活性化	1,890
expression by ～	～による発現	1,340
activity by ～	～による活性	1,163
inhibition by ～	～による抑制	1,012
production by ～	～による産生	825

❶ To determine the **mechanism by which** dysregulation of PKA causes tumor formation, we generated *in vitro* primary mouse cells lacking the Prkar1a protein. (*Cancer Res. 2005 65:10307*)

訳 PKA の調節不全が腫瘍形成を引き起こす機構を決定するために

❷ Together these studies provide the first evidence that MLK3 is involved in IFN-γ signaling and identify a novel mechanism of transcriptional **activation by** IFN-γ. (*J Biol Chem. 2005 280:24462*)

訳 ～は，IFN-γによる転写活性化の新規の機構を同定する

15 despite

despite は，「～にもかかわらず」という意味で用いられる．文頭で用いられることがかなり多い．

Ⓐ despite（文頭）

◆～にもかかわらず〔despite（文頭）〕		用例数
Despite ～（❶）	～にもかかわらず	2,836

❶ **Despite** the fact that hundreds of deletions have been characterized at the molecular level, their mechanisms of genesis are unknown. (*Hum Mol Genet. 2005 14:893*)
訳 ～という事実にもかかわらず

16 during

during は，期間を表す「～の間に」という意味で用いられる．

over や in との比較については，第1章-Ⅷの 5-A にまとめてあるので参照していただきたい．

Ⓐ 他動詞（過去分詞）＋ during

◆～の間に〔他動詞（過去分詞）＋ during〕		用例数
expressed during ～（❶）	～の間に発現される	336
observed during ～	～の間に観察される	301
regulated during ～	～の間に調節される	287
increased during ～	～の間に増大した	206
activated during ～	～の間に活性化される	177
induced during ～	～の間に誘導される	168

❶ We found that mNXF2 protein is **expressed during** mouse brain development. (*Nucleic Acids Res. 2005 33:3855*)
訳 mNXF2 タンパク質は，マウスの脳の発生の間に発現する

Ⓑ 自動詞＋ during

◆～の間に（自動詞＋ during）		用例数
occurs during ～（❶）	～の間に起こる	335
function during ～	～の間に機能する	252

❶ In muscle, where cell fusion occurs during normal myogenesis, fusion of marrow-derived cells with resident myotubes is a likely explanation. (*Blood. 2004 104:290*)

訳 細胞融合が，正常な筋形成の間に起こる

17 for

for は「～のために」という意味をもつ．「～に対する」「～に関して」「～の間」という意味で用いられる場合も多い．against との比較は第1章-Ⅷの 3-A に示してある．

Ⓐ 他動詞（過去分詞）＋ for

過去分詞＋ for は，「～のために」「～に対して」「～に関して」の主に3つの意味で用いられる．

◆～のために〔他動詞（過去分詞）＋ for〕

		用例数
required for ～（❶）	～のために必要とされる	14,773
used for ～（❷）	～のために使われる	1,744
needed for ～	～のために必要とされる	621
developed for ～	～のために開発される	540
determined for ～	～のために決定される	473
selected for ～	～のために選択される	452

❶ These findings indicate that the 4.1B gene is not required for normal development and that 4.1B/Dal-1 does not function as a tumor suppressor gene. (*Mol Cell Biol. 2005 25:10052*)

訳 4.1B 遺伝子は，正常な発生のためには必要とされない

❷ Urinary IL-18 levels can be used for the early diagnosis of AKI. (*J Am Soc Nephrol. 2005 16:3046*)

訳 尿の IL-18 レベルは，AKI の早期診断のために使われうる

◆～に対して〔他動詞（過去分詞）＋ for〕

		用例数
observed for ～（❶）	～に対して観察される	1,572
reported for ～（❷）	～に対して報告される	673

obtained for ～	～に対して得られる	561
found for ～	～に対してみつけられる	506
described for ～	～に対して述べられる	398

❶ A similar effect was observed for the larger memory set sizes of the memory set size task. (*Arch Gen Psychiatry. 2005 62:1071*)
訳 類似の影響が，～に対して観察された

❷ As previously reported for FtsZ, constitutive expression of FtsA causes cell division defects. (*Mol Microbiol. 2004 54:60*)
訳 FtsZ に対して以前に報告されたように

◆～に関して〔他動詞（過去分詞）＋ for〕		用例数
tested for ～（❶）	～に関してテストされる	965
analyzed for ～	～に関して分析される	613
evaluated for ～	～に関して評価される	594
examined for ～	～に関して調べられる	498
screened for ～	～に関して選別される	419

❶ Truncation mutants of HspBP1 were tested for their ability to inhibit the renaturation of luciferase and bind to Hsp70 in reticulocyte lysate. (*J Biol Chem. 2003 278:19017*)
訳 HspBP1 の切断変異体が，～を抑制するそれらの能力に関してテストされた

VII

B 自動詞＋ for

自動詞＋ for は，「～を…する」という意味で使われる．

◆～を（自動詞＋ for）		用例数
account for ～（❶）	～を説明する	2,122
coding for ～	～をコードする	418
allows for ～	～を可能にする/～に備える	416

❶ A simple model is proposed to account for this property of dynein. (*Biophys J. 2006 90:811*)
訳 単純モデルが，このダイニンの性質を説明するために提案される

Ⓒ 名詞＋ for

名詞＋ for は，「～のための」「～に対する」「～の」の３つの意味で用いられる．ただし，直前の名詞ではなく，それより前の動詞や名詞を修飾する場合もある．特に「名詞＋ of ＋名詞＋ for」の用例はかなり多い（本項 22-C 参照）．

◆～のための（名詞＋ for）

		用例数
mechanism for ～（❶）	～のための機構	2,865
model for ～（❷）	～のためのモデル	2,628
basis for ～	～のための基礎	2,343
method for ～	～のための方法	1,631
implications for ～	～のための意味	1,589
target for ～	～のための標的	1,367
site for ～	～のための部位	1,248
system for ～	～のためのシステム	994
pathway for ～	～のための経路	758
tool for ～	～のためのツール	757
strategy for ～	～のための戦略	725
approach for ～	～のためのアプローチ	661

❶ Our results indicate that the interaction of MKK6 and PKR provides a **mechanism for** regulating p38 MAPK activation in response to dsRNA stimulation.（*J Biol Chem. 2004 279:37670*）

訳 MKK6 と PKR の相互作用は，p38 MAPK 活性化を調節するための機構を提供する

❷ This may provide a useful **model for** studying the role of substance P in the control of skin blood flow in humans.（*J Physiol. 2005 568:1047*）

訳 これは，サブスタンス P の役割を研究するための有用なモデルを提供するかもしれない

◆～に対する（名詞＋ for）

		用例数
affinity for ～（❶）	～に対する親和性	1,986
requirement for ～（❷）	～に対する要求性	1,696
receptor for ～	～に対する受容体	1,037
substrate for ～	～に対する基質	946
values for ～	～に対する価値	927

potential for ～	～に対する潜在能	925
adjustment for ～	～に対する調整	825
support for ～	～に対する支持	767
therapy for ～	～に対する治療	710
explanation for ～	～に対する説明	663
specificity for ～	～に対する特異性	639

❶ RTE-mediated RNA transport was CRM1 independent, and RTE did not show high affinity for binding to mRNA export factor TAP/NXF1.（*J Virol. 2001 75:4558*）

訳 RTE は，メッセンジャー RNA 搬出因子 TAP/NXF1 への結合に対する高い親和性を示さなかった

❷ The transcription factor EBF can bypass the requirement for PU.1 and E2A in early B cell development.（*Curr Opin Hematol. 2005 12:203*）

訳 転写因子 EBF は，PU.1 および E2A に対する要求性を迂回できる

◆～の（名詞＋ for）

		用例数
role for ～（❶）	～の役割	6,066
evidence for ～（❷）	～の証拠	3,506
risk for ～	～のリスク	1,664
need for ～	～の必要性	1,121
gene for ～	～の遺伝子	905
search for ～	～の探索	613

❶ These findings suggest an important role for endogenous ghrelin in the metabolic adaptation to nutrient availability（*J Clin Invest. 2005 115:3573*）

訳 これらの知見は，内在性グレリンの重要な役割を示唆する

❷ In this report, we provide evidence for a novel role of cytochrome c in caspase-independent nuclear apoptosis.（*J Biol Chem. 2004 279:24911*）

訳 われわれは，シトクローム c の新規の役割の証拠を提供する

D 形容詞＋ for

形容詞＋ for は，「～にとって/～のために」「～に対して」の 2 つの意味で用いられる．

◆〜にとって/〜のために（形容詞＋ for）

		用例数
responsible for 〜（❶）	〜に責任のある/〜の原因である	6,215
essential for 〜（❷）	〜にとって必須の	5,914
important for 〜	〜にとって重要な	3,758
necessary for 〜	〜にとって必要な	3,407
critical for 〜	〜にとって決定的に重要な	2,728
sufficient for 〜	〜のために十分な	1,704
useful for 〜	〜のために有用な	1,071
crucial for 〜	〜にとって決定的に重要な	741

❶ The mechanisms **responsible for** the generation and maintenance of T cell memory are unclear. （*J Immunol. 2000 165:3031*）
訳 T 細胞記憶の生成と維持に責任のある機構は，不明である

❷ Myoblast fusion is **essential for** the formation and regeneration of skeletal muscle. （*Cell. 2003 114:751*）
訳 筋芽細胞融合は，骨格筋の形成と再生のために必須である

◆〜に対して（形容詞＋ for）

		用例数
specific for 〜（❶）	〜に対して特異的な	2,043
positive for 〜	〜に対して陽性の	732
available for 〜	〜に対して利用できる	688
homozygous for 〜	〜に対してホモ接合性の	662

❶ With the use of antibodies **specific for** each of these phosphorylation sites, we have now determined the kinetics and magnitude of phosphorylation at each site. （*J Biol Chem. 2004 279:32181*）
訳 これらのリン酸化部位のそれぞれに対して特異的な抗体を使って

Ⓔ for ＋時間関連語句

for ＋時間関連語句は，「〜の間」という意味に使われる．

◆〜の間（for ＋時間関連語句）

		用例数
for 〜 days（❶）	〜日の間	956
for 〜 weeks	〜週の間	683
for 〜 h	〜時間の間	635

❶ Oral mucositis was evaluated daily for 28 days after transplantation. (*N Engl J Med. 2004 351:2590*)

訳 口腔の粘膜炎が，移植のあと 28 日間毎日評価された

18 from

from は，「～から」という意味で用いられる．

A 他動詞（過去分詞）＋ from

過去分詞＋ from は，「～から」の意味で用いられる．

◆～から〔他動詞（過去分詞）＋ from〕

		用例数
derived from ～（❶）	～に由来する/～から派生する	5,257
isolated from ～（❷）	～から単離される	2,987
obtained from ～	～から得られる	2,294
prepared from ～	～から調整される	639
purified from ～	～から精製される	630
released from ～	～から放出される	615
generated from ～	～から産生される	555
recovered from ～	～から回収される	485
collected from ～	～から収集される	460
extracted from ～	～から抽出される	457
determined from ～	～から決定される	403
protected from ～	～から保護される	388

❶ Previously, we showed that endothelial cells derived from human tumor tissue have different functional and phenotypic properties compared with normal endothelial cells. (*Cancer Res. 2005 65:10347*)

訳 ヒト腫瘍組織に由来する内皮細胞は，正常の内皮細胞に比べて異なる機能的および表現型的性質をもつ

❷ $CD34^+$ cells were isolated from the blood of normal subjects and HSV and HAEM patients during acute lesions and at quiescence. (*J Invest Dermatol. 2005 124:1215*)

訳 $CD34^+$ 細胞が，正常被検者および HSV および HAEM 患者の血液から単離された

Ⓑ 自動詞＋ from

自動詞＋ from は，「～から」「～と」という 2 つの意味に用いられる．

◆～から（自動詞＋ from）

		用例数
resulting from ～（❶）	～に起因する/～から結果として生ずる	1,250
ranging from ～ to …（❷）	～から…に及ぶ	1,041
arise from ～	～から生じる	617

❶ Conformational and dynamic changes **resulting from** the mutation were detected by NMR spectroscopy.（*J Biol Chem. 2005 280:6792*）

訳 その変異に起因する構造的および動的変化が，核磁気共鳴分光法によって検出された

❷ Antisense oligonucleotides stably decreased Trp1 at concentrations **ranging from 10 to** 300 nM, for up to 72 h.（*FASEB J. 2001 15:1727*）

訳 アンチセンスオリゴヌクレオチドが，10 から 300 nM に及ぶ濃度において安定に Trp1 を低下させた

◆～と（自動詞＋ from）

		用例数
differ from ～（❶）	～と異なる	389

❶ However, the details of the interaction **differ from** those of other processivity factor-peptide complexes.（*J Biol Chem. 2006 281:5224*）

訳 その相互作用の詳細は，他の伸長性因子-ペプチド複合体のそれらと異なる

Ⓒ 名詞＋ from

名詞＋ from は，「～からの」という意味で用いられる．

◆～からの（名詞＋ from）

		用例数
cells from ～	～からの細胞	2,597
data from ～（❶）	～からのデータ	1,472
release from ～	～からの放出	765
samples from ～	～からのサンプル	691
proteins from ～	～からのタンパク質	543
transcription from ～	～からの転写	457
sequences from ～	～からの配列	420

transition from ～	～からの移行	404
DNA from ～	～からの DNA	372
isolates from ～	～からの単離体	357
signals from ～	～からのシグナル	348
protection from ～	～からの保護	342

❶ Using data from tiling microarrays, especially from recent high-resolution oligonucleotide arrays, we found some evidence that up to a fifth of the 525 pseudogenes are potentially transcribed. (*J Mol Biol. 2005 349:27*)
訳 タイリングマイクロアレイからのデータを使って

D 形容詞 ｜ from

形容詞＋ from は，「～と」「～から」の 2 つの意味で用いられる．

◆～と（形容詞＋ from）		用例数
distinct from ～（❶）	～と別個の	1,259
different from ～	～と異なる	1,020
indistinguishable from ～	～と区別できない	407

❶ TLR2 activity was distinct from that of PPS, in that it was phenol extractable. (*J Immunol. 2005 175:3084*)
訳 TLR2 活性は，PPS のそれとは別個であった

◆～から（形容詞＋ from）		用例数
absent from ～（❶）	～から欠けている	323

❶ Sixty-five percent of the AD brains harbored the T414G mutation, whereas this mutation was absent from all controls. (*Proc Natl Acad Sci USA. 2004 101:10726*)
訳 この変異は，すべてのコントロールからは欠けていた

19 in

in は「～のなかに」ということを意味し，場所を表す場合が多い．また「～に」「～への」など，場所以外を意味する用例も多数みられる．期間を示す during，over，within との比較については第 1 章-Ⅷの 5-A に，of との比較については第 1 章-Ⅷの 3-C にまとめてある．

Ⓐ 他動詞（過去分詞）＋ in

過去分詞＋ in は，「～に」「～において」の 2 つの意味で用いられる．

◆～に〔他動詞（過去分詞）＋ in〕

		用例数
involved in ～（❶）	～に関与する	12,938
implicated in ～（❷）	～に関与する	4,105
located in ～	～に位置する	1,762

❶ In this study, we demonstrate that cidR is involved in the regulation of cidABC expression. (*J Bacteriol. 2005 187:5893*)

訳 cidR は，cidABC の発現の調節に関与する

❷ Overproduction of NO by inducible NO synthase (iNOS) has been implicated in the pathogenesis of many diseases. (*J Immunol. 2005 174:2314*)

訳 誘導型 NO 合成酵素（iNOS）による NO の過剰産生は，多くの疾患の病因に関与してきた

◆～において〔他動詞（過去分詞）＋ in〕

		用例数
expressed in ～（❶）	～において発現される	9,024
observed in ～	～において観察される	7,598
found in ～	～においてみつけられる	6,901
detected in ～	～において検出される	4,270
seen in ～	～においてみられる	3,012
identified in ～	～において同定される	2,772

❶ N-twist is expressed in the developing mouse central nervous system in the midbrain, hindbrain, and neural tube. (*Dev Biol. 2002 249:174*)

訳 N-twist は，発生中のマウスの中枢神経系において発現する

B 自動詞＋ in

自動詞＋ in は，「～に」「～において」の 2 つの意味で用いられる．

◆～に（自動詞＋ in）

		用例数
resulted in ～（❶）	～という結果になる/～に帰する	9,722
participate in ～（❷）	～に関与する	1,504

❶ Overexpression of noggin **resulted in** a significant increase in the number of neurons in the trigeminal and dorsal root ganglia. (*Development. 2004 131:1175*)

訳 ノギンの過剰発現は，ニューロンの数の有意な増大という結果になった

❷ Such dimers may **participate in** transmembrane signal transduction. (*Nature. 2005 433:269*)

訳 そのようなダイマーは，膜貫通型シグナル伝達に関与するかもしれない

◆～において（自動詞＋ in）

		用例数
occurs in ～（❶）	～において起こる	1,756
functions in ～	～において機能する	1,554

❶ Upregulation of HER2/ErbB2/Neu **occurs in** 15-30% of human breast cancers and correlates with poor prognosis. (*Oncogene. 2005 24:5173*)

訳 HER2/ErbB2/Neu の上方制御は，ヒトの乳癌の 15 ～ 30%において起こる

C 名詞＋ in

名詞＋ in は，「～の」「～における」の 2 つの意味で用いられる．ただし，直前の名詞ではなく，それより前の動詞や名詞を修飾する場合もある．特に「名詞＋ of ＋名詞＋ in」の用例は非常に多い（本項 22-E 参照）．

◆～の（名詞＋ in）

		用例数
increase in ～（❶）	～の増大	1,724
changes in ～（❷）	～の変化	1,280
decrease in ～	～の低下	665
differences in ～	～の違い	658

reduction in ～	～の低下	570
apoptosis in ～	～のアポトーシス	280
defects in ～	～の欠損	256

❶ In the absence of Ngn2, there is an increase in the number of dI3 and dI5 neurons, in contrast to the effects produced by activity of Mash1. (*Development. 2005 132:2709*)

訳 dI3 および dI5 ニューロンの数の増大がある

❷ This gene is active in haploid a mating type cells but inactive in *α* cells: its regulation is mediated by changes in chromatin structure. (*J Mol Biol. 1997 267:324*)

訳 それの調節は，クロマチン構造の変化によって仲介される

◆～における（名詞＋ in）		用例数
role in ～（❶）	～における役割	1,885
expression in ～	～における発現	903
mutations in ～	～における変異	795
activity in ～	～における活性	692
function in ～	～における機能	454
levels in ～	～におけるレベル	381

❶ PhoU proteins are known to play a role in the regulation of phosphate uptake. (*J Biol Chem. 2005 280:15960*)

訳 PhoU タンパク質は，リン酸の取り込みの調節において役割を果たすことが知られている

D 形容詞＋ in

形容詞＋ in は，「～において」「～を」の 2 つの意味で用いられる．

◆～において（形容詞＋ in）		用例数
present in ～（❶）	～において存在する	792
important in ～	～において重要な	234
similar in ～	～において類似している	188
higher in ～	～においてより高い	166

❶ Finally, we describe an informative new shr allele, in which the protein

is present in the cytoplasm yet does not move. (*Curr Biol. 2004 14:1847*)
訳 そのタンパク質は細胞質に存在する

◆～を（形容詞＋ in）

		用例数
deficient in ～（❶）	～を欠損した	181
defective in ～	～を欠損した	135

❶ To test the latter, we generated mice deficient in both HIP1 and HIP1r. (*Mol Cell Biol. 2004 24:4329*)
訳 われわれは，HIP1 と HIP1r の両方を欠損したマウスを作製した

20 into

into は主に「～に」という意味で用いられるが，本来は「～のなかへ」という意味である．方向を示す to や toward との比較については第 1 章-Ⅷの 1-B に示してある．

Ⓐ 他動詞（過去分詞）＋ into

◆～に〔他動詞（過去分詞）＋ into〕

		用例数
incorporated into ～（❶）	～に取り込まれる	750
introduced into ～	～に導入される	661
divided into ～	～に分けられる	547
injected into ～	～に注入される	544
inserted into ～	～に挿入される	313
transplanted into ～	～に移植される	283
transfected into ～	～にトランスフェクトされる	271

❶ Lys^{6}-biotinylated ubiquitin was incorporated into high molecular mass ubiquitin conjugates as efficiently as unmodified ubiquitin. (*J Biol Chem. 2005 280:20365*)
訳 Lys^{6}-ビオチン化ユビキチンが，高分子量ユビキチン抱合体に取り込まれた

Ⓑ 自動詞＋ into

◆～に（自動詞＋ into）		用例数
differentiate into ～（❶）	～に分化する	419
assemble into ～	集合して～を構築する	192

❶ However, the SP cells failed to differentiate into mature myotubes, as observed previously with unfractionated MPCs containing both SP and MP cells.（*Transplantation. 2005 80:131*）
訳 SP 細胞は，成熟した筋管に分化することができなかった

Ⓒ 名詞＋ into

◆～への（名詞＋ into）		用例数
insight into ～（❶）	～への洞察	1,822
incorporation into ～	～への取り込み	336
injection into ～	～への注入	146
differentiation into ～	～への分化	144

❶ Our studies provide insight into the mechanism of erythrocyte invasion by the malaria parasite and aid in rational drug design and vaccines.（*Cell. 2005 122:183*）
訳 われわれの研究は，～の機構への洞察を提供する

21 of

of は「～の」という意味で用いられる．名詞＋ of の用例が非常に多い．

Ⓐ 名詞＋ of

よく用いられるものとしては，以下のようなものがある．次節でもさらに詳しく述べる．

◆～の（名詞＋ of）		用例数
expression of ～（❶）	～の発現	29,943
presence of ～	～の存在	16,930

activation of ～	～の活性化	17,678
levels of ～	～のレベル	15,955
analysis of ～	～の分析	14,290
number of ～	～の数	12,749
effects of ～	～の効果	12,687
regulation of ～	～の調節	12,373
role of ～	～の役割	12,346
inhibition of ～	～の抑制	11,286

❶ Activation of T cells in the presence of Z-VAD led to a specific increase in the **expression of** the transcription factor c-fos. (*J Immunol. 2005 174:3440*)

訳 Z-VADの存在下におけるT細胞の活性化は，転写因子c-fosの発現の特異的な増大につながった

Ⓑ 形容詞＋ of

形容詞＋ of の用例は，名詞＋ of に比べるとそれほど多くない．

◆～に（形容詞＋ of）		用例数
independent of ～（❶）	～に依存しない	3,935
capable of ～	～できる	3,666

❶ This effect is **independent of** the presence of RPS2, the Arabidopsis R protein that senses AvrRpt2. (*Cell. 2003 112:379*)

訳 この効果は，RPS2の存在に依存しない

22 名詞＋ of ＋名詞＋前置詞

名詞＋ of ＋名詞＋前置詞の用例は非常に多い．後ろの前置詞は，直前の名詞ではなく，of の前の名詞を修飾する場合が多い．以下に代表的な例を示す．

Ⓐ 名詞＋ of ＋名詞＋ at

◆～における（名詞＋ of ＋名詞＋ at）

		用例数
phosphorylation of ～ at …（❶）	…における～のリン酸化	345
presence of ～ at …	…における～の存在	291
expression of ～ at …	…における～の発現	201
loss of ～ at …	…における～の喪失	189

❶ Inhibition of MEK1 by U0126 prevented phosphorylation of Bad at Ser112.（*J Biol Chem. 2005 280:31091*）

訳 U0126 による MEK1 の抑制は，Ser112 における Bad のリン酸化を防いだ

Ⓑ 名詞＋ of ＋名詞＋ by

◆～による（名詞＋ of ＋名詞＋ by）

		用例数
activation of ～ by …（❶）	…による～の活性化	1,451
inhibition of ～ by …	…による～の抑制	1,322
regulation of ～ by …	…による～の調節	997
induction of ～ by …	…による～の誘導	800
expression of ～ by …	…による～の発現	596
phosphorylation of ～ by …	…による～のリン酸化	481
mechanism of ～ by …	…による～の機構	340
stimulation of ～ by …	…による～の刺激	326
analysis of ～ by …	…による～の分析	301
production of ～ by …	…による～の産生	286
activity of ～ by …	…による～の活性	262
suppression of ～ by …	…による～の抑制	243

❶ Activation of Chk2 by DNA damage requires phosphorylation at sites including Thr68.（*J Biol Chem. 2005 280:12041*）

訳 DNA 損傷による Chk2 の活性化は，Thr68 を含む部位のリン酸化を必要とする

Ⓒ 名詞＋ of ＋名詞＋ for

◆～に対する（名詞＋ of ＋名詞＋ for）

		用例数
affinity of ～ for …（❶）	…に対する～の親和性	594

requirement of ～ for …	…に対する～の要求性	134

❶ All three mutations decrease the affinity of NifL for ADP significantly, but the mutant proteins exhibit discrete properties. (*J Mol Biol. 2005 346:935*)

訳 3つの変異のすべてが，ADPに対するNifLの親和性を低下させる

D 名詞＋ of ＋名詞＋ from

◆～からの（名詞＋ of ＋名詞＋ from）		用例数
release of ～ from … （❶）	…からの～の放出	740
analysis of ～ from …	…からの～の分析	624
transfer of ～ from …	…からの～の移行	312
removal of ～ from …	…からの～の除去	274

❶ Expression of Bcl-2 and release of cytochrome c from mitochondria were quantified. (*Invest Ophthalmol Vis Sci. 2005 46:4311*)

訳 Bcl-2の発現とミトコンドリアからのチトクロームcの放出が定量された

E 名詞＋ of ＋名詞＋ in

◆～における（名詞＋ of ＋名詞＋ in）		用例数
role of ～ in … （❶）	…における～の役割	6,822
expression of ～ in …	…における～の発現	4,312
levels of ～ in …	…における～のレベル	1,765
presence of ～ in …	…における～の存在	1,458
loss of ～ in …	…における～の喪失	1,353
activation of ～ in …	…における～の活性化	1,297
regulation of ～ in …	…における～の調節	1,213
function of ～ in …	…における～の機能	1,124

❶ Although smooth muscle cell proliferation contributes to the vascular remodeling observed in PAH, the role of BMPs in this process and the impact of BMPR2 mutation remains unclear. (*Circ Res. 2005 96:1053*)

訳 この過程におけるBMPの役割とBMPR2変異の影響は，不明なままである

Ⓕ 名詞＋ of ＋名詞＋ on

◆～に対する（名詞＋ of ＋名詞＋ on）

		用例数
effect of ～ on …（❶）	…に対する～の影響	3,783
impact of ～ on …	…に対する～の影響	542
influence of ～ on …	…に対する～の影響	504
dependence of ～ on …	…に対する～の依存	287

❶ The effect of GDNF on cell proliferation and invasion was assessed.（*Cancer Res. 2005 65:11536*）
訳 細胞増殖と浸潤に対する GDNF の影響が評価された

◆～における（名詞＋ of ＋名詞＋ on）

		用例数
expression of ～ on …	…における～の発現	363
phosphorylation of ～ on …	…における～のリン酸化	227

Ⓖ 名詞＋ of ＋名詞＋ to

◆～への（名詞＋ of ＋名詞＋ to）

		用例数
binding of ～ to …（❶）	…への～の結合	3,146
addition of ～ to …	…への～の添加	1,104
exposure of ～ to …	…への～の暴露	798
contribution of ～ to …	…への～の寄与	694
ratio of ～ to …	…への～の割合	660
response of ～ to …	…への～の応答	644
conversion of ～ to …	…への～の変換	631

❶ Third, we studied the binding of expansins to the cell wall and its components.（*Plant Physiol. 1995 107:87*）
訳 われわれは，細胞壁へのエクスパンシンの結合を研究した

Ⓗ 名詞＋ of ＋名詞＋ to *do*

◆～する（名詞＋ of ＋名詞＋ to *do*）

		用例数
ability of ～ to …（❶）	…する～の能力	4,439
capacity of ～ to …	…する～の能力	381

❶ *In vivo*, CRX-526 treatment blocks the ability of LPS to induce TNF-α release. (*J Immunol. 2005 174:6416*)
訳 CRX-526 処置は，TNF-α放出を誘導する LPS の能力をブロックする

I 名詞＋ of ＋名詞＋ with

◆〜による（名詞＋ of ＋名詞＋ with）

		用例数
treatment of 〜 with …（❶）	…による〜の処理	1,965
pretreatment of 〜 with …	…による〜の前処理	429
inhibition of 〜 with …	…による〜の抑制	401

❶ The treatment of cells with t-BHQ resulted in the nuclear accumulation of both Bach1 and Nrf2. (*J Biol Chem. 2005 280:16891*)
訳 t-BHQ による細胞の処理は，Bach1 と Nrf2 の両方の核集積という結果になった

◆〜と（名詞＋ of ＋名詞＋ with）

		用例数
interaction of 〜 with …（❶）	…と〜の相互作用	1,783
association of 〜 with …	…と〜の結合	1,374
incubation of 〜 with …	…と〜のインキュベーション	374
reaction of 〜 with …	…と〜の反応	349

❶ Surprisingly, we found that the physical interaction of Rad51-G103E with Rad54 was not affected. (*J Biol Chem. 2005 280:26303*)
訳 Rad54 と Rad51-G103E の物理的な相互作用は影響を受けなかった

23 on

on は「〜の表面で」という意味で，場所を表すために用いられることが多いが，「〜に対して」や「〜に関して」という意味にも用いられる．「〜するやいなや」の意味で使われることもある．about との比較については，第1章-VIIIの 3-B を参照．

A 他動詞（過去分詞）＋ on

過去分詞＋ on は，「〜に対して」「〜に」「〜において」の 3 つの意味

で用いられる．

◆～に対して〔他動詞（過去分詞）＋ on〕

		用例数
performed on ～（❶）	～に対して行われる	850
tested on ～	～に対してテストされる	188

❶ Genetic analysis was **performed on** these isolates and a sample of adenovirus isolates from unvaccinated patients.（*J Clin Microbiol. 2004 42:1686*）

訳 遺伝的な解析がこれらの単離体に対して行われた

◆～に〔他動詞（過去分詞）＋ on〕

		用例数
based on ～（❶）	～に基づいて	9,486
located on ～（❷）	～に位置する	653
placed on ～	～に位置する	234
localized on ～	～に位置する	122

❶ **Based on** these observations, we sought in the current study to identify the precise defect in K30 virion infection of permissive equine dermal（ED）cells.（*J Virol. 2005 79:8793*）

訳 これらの観察に基づいて

❷ The Cmt1 locus is **located on** chromosome 3.（*Mol Pharmacol. 2006 69:770*）

訳 Cmt1 座位は，第 3 染色体に位置する

◆～において〔他動詞（過去分詞）＋ on〕

		用例数
expressed on ～（❶）	～において発現する	936
found on ～	～においてみつけられる	354
observed on ～	～において観察される	259
phosphorylated on ～	～においてリン酸化される	233
detected on ～	～において検出される	220
grown on ～	～において育てられる	212

❶ Here, we show that YIR proteins are **expressed on** the surface of erythrocytes infected with late-stage asexual parasites, and that host immunity modulates transcription of yir genes.（*Mol Microbiol. 2005 58:636*）

訳 YIR タンパク質は，赤血球の表面において発現する

B 自動詞＋ on

自動詞＋ on は，「～に」という意味で使われる．

◆～に（自動詞＋ on）		用例数
depends on ～（❶）	～に依存する	2,095
focused on ～	～に焦点を当てた	813
relies on ～	～に頼る	391
act on ～	～に対して作用する	187

❶ These results demonstrated that the stability of BRCA2 protein in mammalian cells depends on the presence of DSS1 （*Oncogene. 2006 25:1186*）

訳 哺乳類細胞における BRCA2 の安定性は，DSS1 の存在に依存する

C 名詞＋ on

名詞＋ on は，「～に対する」「～に関する」「～上の」の 3 つの意味で用いられる．ただし，直前の名詞ではなく，それより前の動詞や名詞を修飾する場合もある．特に「名詞＋ of ＋名詞＋ on」（本項 22-F 参照）の用例は非常に多い．

◆～に対する（名詞＋ on）		用例数
effect on ～（❶）	～に対する影響	7,336
impact on ～	～に対する影響	840
influence on ～	～に対する影響	501
dependence on ～	～に対する依存性	486
light on ～	～に対して光を	377
action on ～	～に対する作用	228
treatment on ～	～に対する処置	176
emphasis on ～	～に対する強調	168

❶ In contrast, BRMS1 expression had no effect on activation of the activator protein-1 transcription factor. （*Cancer Res. 2005 65:3586*）

訳 BRMS1 発現は，～の活性化に対する影響をもたなかった

◆～に関する（名詞＋ on）

		用例数
data on ～（❶）	～に関するデータ	902
studies on ～	～に関する研究	754
information on ～	～に関する情報	732
report on ～	～に関するレポート	381

❶ However, there are few data on the effects of intestinal transit on bile acid kinetics.（*Gastroenterology. 2001 121:812*）
訳 ～の影響に関するデータはほとんどない

◆～上の（名詞＋ on）

		用例数
region on ～（❶）	～上の領域	289
locus on ～	～上の部位	247
gene on ～	～上の遺伝子	206

❶ Strong linkage was seen at a region on chromosome 9p21-9p24, with a LOD score of 3.72 at marker D9S157.（*Arthritis Rheum. 2005 52:269*）
訳 強い連鎖が，染色体 9p21-9p24 上の領域においてみられた

D 形容詞＋ on

形容詞＋ on は，「～に」「～において」という意味で使われる．

◆～に／～において（形容詞＋ on）

		用例数
dependent on ～（❶）	～に依存する	4,784
present on ～（❷）	～において存在する	510
available on ～	～において役に立つ	213

❶ Association of Rpd3 with Knirps was dependent on the presence of the C-terminal binding protein-dependent repression domain of Knirps.（*J Biol Chem. 2005 280:40757*）
訳 Knirps と Rpd3 の結合は，～の存在に依存した

❷ Ferroportin is an iron exporter present on the surface of absorptive enterocytes, macrophages, hepatocytes, and placental cells.（*Science. 2004 306:2090*）
訳 フェロポーチンは，～の表面に存在する鉄搬出体である

24 onto

onto は，「～の上に」という意味で用いられる．

Ⓐ 他動詞（過去分詞）＋ onto

◆～の上に〔他動詞（過去分詞）＋ onto〕		用例数
mapped onto ～（❶）	～上に位置づけられる	51
loaded onto ～	～上に添加される	44

❶ All mutations were mapped onto the available crystal structures for Arf1p: Arf1p bound to GDP, to GTP, and complexed with the regulatory proteins ArfGEF and ArfGAP. (*Mol Biol Cell. 2002 13:1652*)
訳 すべての変異が Arf1p の入手可能な結晶構造上に位置づけられた

25 over

over は「～の上に」という意味だが，「～以上/～を超えて」「～の間に」という意味で用いられることが多い．これらの意味では，前の単語との結び付きよりも後ろの単語との結び付きが強い．「～より優れて」という意味で用いられることもある．期間を示す during，for，in との比較は，第 1 章-Ⅷの 5-A にまとめた．

Ⓐ over ＋名詞句

over ＋名詞句は，「～の間に」「～を超えて/～以上」の意味で用いられる．後ろの名詞句との結び付きが強く，前置詞としては特殊な用法も多い．

◆～の間に（over ＋名詞句）		用例数
over the past ～（❶）	この～の間に	339
over the course of ～	～の経過の間に	157
over the last ～	最近の～の間に	127

❶ Over the past decade, functional neuroimaging has contributed greatly

to our knowledge about the neuropharmacology of substance misuse in man. (*Curr Opin Pharmacol. 2005 5:42*)
訳 この10年間に

◆～以上（over＋名詞句）

		用例数
over 2 ～（❶）	2～以上	129

❶ Transgenic mice had over 2-fold reduced levels of Fru-2,6-P_2. (*J Biol Chem. 2004 279:48085*)
訳 トランスジェニックマウスは，2倍以上低下したレベルの～をもった

B 名詞＋over

名詞＋over は，「～に対する」という意味で用いられることが多い．

◆～に対する（名詞＋over）

		用例数
control over ～	～に対する制御	193
advantages over ～（❶）	～に対する優位性	140
improvement over ～	～に対する改善	67

❶ NMF appears to have advantages over other methods such as hierarchical clustering or self-organizing maps. (*Proc Natl Acad Sci USA. 2004 101:4164*)
訳 NMFは，～のような他の方法に対する優位性をもつように思われる

26 per

per は，量を計る単位として「～につき」という意味で用いられる．

A 名詞＋per

◆～につき/～あたり（名詞＋per）

		用例数
～ kg per …	…につき～ kg	221
～ min per …	…あたり～分	138

B per ＋名詞

◆～につき（per ＋名詞）		用例数
～ per day（❶）	1 日につき～	479
～ per year	1 年につき～	431
～ per cell	1 細胞につき～	279

❶ One week after AAC, mice were randomized to regular chow or chow containing EPL（200 mg/kg **per day**）for an additional 7 weeks.（*Circulation. 2005 111:420*）

訳 1 日につき 200 mg/kg

27 since

since は，「～以来」という意味で用いられる．「～以来/～なので」という意味の接続詞として使われることも多い．

A since ＋～

◆～以来（since ＋～）		用例数
since then（❶）	そのとき以来	41

❶ **Since then**, no confirmation exists of indigenous measles circulation anywhere else in the region.（*J Infect Dis. 2004 189:S227*）

訳 そのとき以来

28 through

through は「～を経て」という意味だが，「～によって」という意味でも使われる．via と非常に意味が似ている．via や by との比較については，第 1 章-VIIIの 1-C および 2-B に示してある．

Ⓐ 他動詞（過去分詞）＋ through

◆～によって〔他動詞（過去分詞）＋ through〕

		用例数
mediated through ～（❶）	～によって仲介される	770
achieved through ～	～によって達成される	141
regulated through ～	～によって調節される	135
identified through ～	～によって同定される	126

❶ UV-irradiation-induced corneal epithelial cell apoptosis is **mediated through** activation of the SEK/JNK signaling pathway. (*Invest Ophthalmol Vis Sci. 2003 44:5102*)
訳 ～は，SEK/JNK シグナル伝達経路の活性化によって仲介される

Ⓑ 自動詞＋ through

自動詞＋ through は，「～によって」「～を経て」の 2 つの意味で用いられる．

◆～によって（自動詞＋ through）

		用例数
occurs through ～（❶）	～によって起こる	312
act through ～	～によって作用する	113

❶ This **occurs through** the production of IL-10. (*J Immunol. 2004 173:1519*)
訳 これは，IL-10 の産生によって起こる

◆～を経て（自動詞＋ through）

		用例数
proceeds through ～（❶）	～を経て進行する	105
pass through ～	～を通過する	89

❶ The acyltransferase reaction **proceeds through** two partial reactions and entails formation of a reactive acyl-HlyC intermediate. (*Biochemistry. 2001 40:13607*)
訳 アシルトランスフェラーゼ反応は，2 つの部分反応を経て進行する

Ⓒ 名詞＋ through

名詞＋ through は，「～を経る」の意味で用いられる．

◆～を経る（名詞＋ through）

		用例数
signaling through ～（❶）	～を経るシグナル伝達	622
progression through ～	～を経る進行	199
apoptosis through ～	～を経るアポトーシス	184
signals through ～	～を経るシグナル	138
influx through ～	～を経る流入	128

❶ Signaling through the IL-26R results in activation of STAT1 and STAT3 which can be blocked by neutralizing Abs against IL-20R1 or IL-10R2. (*J Immunol. 2004 172:2006*)

訳 IL-26R を経るシグナル伝達は，STAT1 および STAT3 の活性化という結果になる

D 副詞＋ through

◆～によって（副詞＋ through）

		用例数
primarily through ～（❶）	主に～によって	148
possibly through ～	ひょっとしたら～によって	127

❶ The activation of this network is mediated primarily through the activity of the Wnt pathway, though details of pathway activation remain unclear. (*Dev Biol. 2005 279:252*)

訳 このネットワークの活性化は，主に Wnt 経路の活性によって仲介される

29 throughout

throughout は「～中で/～全体にわたって」という意味で使われる．「くまなく」という意味の副詞としても用いられる．across と近い意味で用いられることがある．場所だけでなく期間を表す場合にも使われる．

A 他動詞（過去分詞）＋ throughout

◆～中に〔他動詞（過去分詞）＋ throughout〕

		用例数
distributed throughout ～（❶）	～中に分布する	204
expressed throughout ～	～中で発現される	138
conserved throughout ～	～中で保存される	82

found throughout ～	～中でみつけられる	71

❶ The clock consists of multiple autonomous cellular pacemakers distributed throughout the rat SCN. (*J Neurosci. 2005 25:5481*)
訳 時計は，ラットの SCN 中に分布する複数の自律性の細胞性ペースメーカーから成る

30 to

to は方向を示すもので，「～に」「～と」という意味に用いられる．

to 不定詞については次節で述べる．into や toward との比較については，第 1 章-Ⅷの 1-B を参照．with との比較については第 1 章-Ⅷの 1-D を参照．

Ⓐ 他動詞（過去分詞）＋ to

過去分詞＋ to は，「～と」「～に」の主に 2 つの意味で用いられる．

◆～と〔他動詞（過去分詞）＋ to〕

		用例数
compared to ～（❶）	～と比較される	5,508
related to ～（❷）	～と関連する	4,901
bound to ～	～と結合した	3,300
linked to ～	～とリンクした	2,705

❶ Compared to the wild-type, the 3 × P variant was much easier to synthesize and had dramatically greater solubility. (*J Mol Biol. 2006 355:274*)
訳 野生型と比較して

❷ The other network is related to cytoskeleton and membrane trafficking. (*J Mol Biol. 2005 346:83*)
訳 もう一方のネットワークは，細胞骨格および膜輸送と関連する

◆～に〔他動詞（過去分詞）＋ to〕

		用例数
exposed to ～（❶）	～に暴露される	2,400
localized to ～（❷）	～に位置する	1,876

applied to ～	～に適用される	1,639
attributed to ～	～に起因する	1,439
restricted to ～	～に制限される	1,359

❶ A dose-dependent increase in the promoter activity was observed in cells exposed to high glucose. (*J Biol Chem. 2002 277:29953*)

訳 プロモーター活性の用量依存的な増大が，高グルコースに暴露された細胞において観察された

❷ The human ZNT6 gene was mapped at 2p21-22, while the mouse Znt6 was localized to chromosome 17. (*J Biol Chem. 2002 277:26389*)

訳 マウスの Znt6 遺伝子が，第 17 染色体に位置した

B 自動詞＋ to

◆～に（自動詞＋ to）		用例数
contribute to ～（❶）	～に寄与する	6,357
leads to ～（❷）	～につながる	4,830
binds to ～	～に結合する	3,221

❶ Histone modifications may contribute to the pathogenesis of prefrontal dysfunction in schizophrenia. (*Arch Gen Psychiatry. 2005 62:829*)

訳 ヒストンの修飾は，～の病因に寄与するかもしれない

❷ In double-transgenic plants, induced AIP2 expression leads to a decrease in ABI3 protein levels. (*Genes Dev. 2005 19:1532*)

訳 誘導された AIP2 の発現は，ABI3 タンパク質レベルの低下につながる

C 名詞＋ to

名詞＋ to は，「～への」と「～に対する」の 2 つの意味で用いられる．「名詞＋ of ＋名詞＋ to」（本項 22-G 参照）など，直前ではなくそれより前の名詞を修飾する場合もある．

◆～への（名詞＋ to）		用例数
binding to ～	～への結合	7,042
exposure to ～（❶）	～への暴露	3,284

❶ On Western blot analysis, both NuTu-19 and NuTu-Sham cells showed a strong activation of mitogen-activated protein kinase (MAPK) after exposure to EGF. (*Cancer Res. 2005 65:3243*)

訳 EGF への暴露のあと

◆～に対する（名詞＋ to）

		用例数
resistance to ～（❶）	～に対する抵抗	2,692
sensitivity to ～	～に対する感受性	1,938
susceptibility to ～	～に対する感受性	1,542
antibodies to ～	～に対する抗体	1,143
homology to ～	～に対するホモロジー	1,032
similarity to ～	～に対する類似性	938

❶ Resistance to apoptosis was restored by reintroduction of RhoGDI protein expression. (*Cancer Res. 2005 65:6054*)

訳 アポトーシスへの抵抗性は，～によって回復された

D 形容詞＋ to

◆～に（形容詞＋ to）

		用例数
due to ～	～のせいで（～に帰すべき）	8,564
similar to ～（❶）	～に類似する	8,311
relative to ～（❷）	～に比べて	4,092
sensitive to ～	～に敏感な	2,751
resistant to ～	～に抵抗性の	2,180

❶ The helical topology of p25 is very similar to that of cyclin A. (*J Mol Biol. 2005 349:764*)

訳 p25 のらせん形態は，サイクリン A のそれに非常に類似している

❷ The WSMV HC-Pro null mutant was competent for virion formation, but the virus titer was reduced 4.5-fold relative to that of the wild type. (*J Virol. 2005 79:12077*)

訳 ～は，野生型のそれに比べて 4.5 倍低下した

31 to *do*（to 不定詞）

to 不定詞は，「～するために/～するように」「～すること」という意味で，形容詞句や名詞句，あるいは目的を示す副詞句として用いられる．形容詞句としては補語として用いられたり，名詞を後ろから修飾したりする．名詞句としては主語や目的語として用いられる．

Ⓐ 他動詞（過去分詞）＋ to *do*

過去分詞＋ to は，「～するために/～するように」「～すること」の意味で用いられる．本書では，これらの用法をすべて副詞句として扱っているが，SVOO や SVOC の文の受動態とする説もある．

◆～するために/～するように〔他動詞（過去分詞）＋ to *do*〕

		用例数
used to ～（❶）	～するために使われる	12,706
required to ～	～するために必要とされる	2,386

❶ Transmission electron microscopy and single particle image analysis were **used to** determine the three-dimensional structure of this complex. (*J Cell Biol. 2005 168:1109*)

訳 ～が，この複合体の三次元構造を決定するために使われた

◆～すること〔他動詞（過去分詞）＋ to *do*〕

		用例数
shown to ～（❶）	～することが示される	8,306
found to ～（❷）	～することがみつけられる	7,233
thought to ～	～すると考えられる	3,276
proposed to ～	～することが提案される	1,357
predicted to ～	～することが予測される	1,322

❶ Previously, chromogranin A（CgA）has been **shown to** play a key role in the regulation of DCG biogenesis *in vitro* and *in vivo*.（*Mol Biol Cell. 2006 17:789*）

訳 クロモグラニン A（CgA）は，DCG 生合成の調節において鍵となる役割を果たすことが示されている

❷ LR was **found to** interact with the βsubunit of the GMR（βGMR）as well.（*Proc Natl Acad Sci USA. 2003 100:14000*）

訳 LR は，GMR のβサブユニットと相互作用することがみつけられた

B 自動詞＋ to *do*

自動詞＋ to は，「～するように」「～すること」の意味で用いられる．

◆～するように（自動詞＋ to *do*）

		用例数
appears to ～（❶）	～するように思われる	4,991

❶ This interaction **appears to** be mediated by the proline-arginine-rich domain（PRD）of Dyn2, as a GST-PRD fragment binds Cav1 while GST-Dyn2ΔPRD does not.（*J Mol Biol. 2005 348:491*）
訳 この相互作用は，～によって仲介されるように思われる

◆～すること（自動詞＋ to *do*）

		用例数
was to ～（❶）	…は，～することであった	3,441

❶ The purpose of this study **was to** examine the impact of peripheral vision on emmetropization.（*Invest Ophthalmol Vis Sci. 2005 46:3965*）
訳 この研究の目的は，～を調べることであった

C 名詞＋ to *do*

◆～する（名詞＋ to *do*）

		用例数
ability to ～（❶）	～する能力	6,892
approach to ～	～するアプローチ	1,858
method to ～	～する方法	986
capacity to ～	～する能力	970
potential to ～	～する潜在能	969
system to ～	～するシステム	948
model to ～	～するモデル	866

❶ The 7a protein was tested for the **ability to** inhibit cellular gene expression because several proapoptotic viral proteins with this function have previously been identified.（*J Virol. 2006 80:785*）
訳 7a プロテインが，細胞の遺伝子発現を抑制する能力に関してテストされた

Ⓓ 形容詞＋ to *do*

形容詞＋ to は，「～すること」「～するのに」の意味で用いられる．

◆～すること（形容詞＋ to *do*）

		用例数
able to ～	～することができる	4,680
likely to ～（❶）	おそらく～するであろう	4,026
unable to ～	～することができない	2,039

❶ The AXR6 gene is likely to be important for auxin response throughout the plant, including early development. （*Development. 2000 127:23*）
訳 AXR6 遺伝子は，～にとっておそらく重要であろう

◆～するのに（形容詞＋ to *do*）

		用例数
sufficient to ～（❶）	～するのに十分な	2,990

❶ Activation of p38 was not sufficient to induce apoptosis; however, it did induce p38-dependent cell cycle arrest. （*J Biol Chem. 2005 280:20995*）
訳 p38 の活性化は，アポトーシスを誘導するのに十分ではなかった

32 toward/towards

toward は，「～に」「～への」という意味で用いられることが多い．方向を示すために使われ，to や into と近い意味をもつ（第 1 章-Ⅷの 1-B 参照）．towards も全く同じ意味で用いられるが頻度は低い．

Ⓐ 他動詞（過去分詞）＋ toward

◆～に〔他動詞（過去分詞）＋ toward〕

		用例数
directed toward ～（❶）	～に向けられる	138
biased toward ～（❷）	～に偏っている	51
oriented toward ～	～に方向づけられる	37

❶ Although considerable effort has been directed toward the mapping of peptide epitopes by autoantibodies, the role of nonprotein molecules

has been less well studied. (*Gastroenterology. 2003 125:1705*)
訳 かなりの努力が，ペプチドエピトープのマッピングに向けられた

❷ Within the human hematopoietic system, expression of HDAC9 is **biased toward** cells of monocytic and lymphoid lineages. (*J Biol Chem. 2003 278:16059*)
訳 HDAC9 の発現は，～の細胞に偏っている

Ⓑ 名詞＋ toward

◆～への（名詞＋ toward）

		用例数
step toward ～（❶）	～へのステップ	226
activity toward ～	～への活性	216
trend toward ～（❷）	～への傾向	198
bias toward ～	～への偏り	65
migration toward ～	～への遊走	43
shift toward ～	～へのシフト	42
affinity toward ～	～への親和性	38

❶ As a first **step toward** understanding *in vivo* function, we have cloned 11 zebrafish anx genes. (*Genome Res. 2003 13:1082*)
訳 生体内機能の理解への最初のステップとして

❷ There was a **trend toward** increased expression of IRS-1 in the malignant biopsies. (*Cancer Res. 2002 62:2942*)
訳 IRS-1 の増大した発現への傾向があった

33 under

under は，「～下で」という意味で用いられる．科学論文では条件を示す場合が多い．

Ⓐ under ＋名詞句

◆～下で（under ＋名詞句）

		用例数
under the control of ～	～の制御下で	639
under these conditions ～	これらの状態下で	450

under conditions of ～（❶）	～の状態下で	385
under conditions that ～	～する状態下で	145
under conditions where ～	～である状態下で	130
under conditions in which ～	～である状態下で	105

❶ Under conditions of tissue injury, myocardial replication and regeneration have been reported.（*Nature. 2004 428:668*）
訳 組織傷害の状態下で

34 until

until は,「～まで」という意味で用いられる．時を表す副詞/名詞の前に用いられることも多い．

A until ＋副詞 / 名詞

◆～まで（until ＋副詞 / 名詞）

		用例数
until now	今まで	127
until recently（❶）	最近まで	114

❶ Until recently, it has been less extensively studied as a therapeutic target.（*Ann Intern Med. 2005 142:95*）
訳 最近まで

35 upon

upon は on とほぼ同じ意味だが,「～するやいなや」の意味で用いられることがかなり多い．

A 他動詞（過去分詞）＋ upon

過去分詞＋ upon は,「～するやいなや」の意味で用いられることが多い．

◆～するやいなや〔他動詞（過去分詞）＋ upon〕

		用例数
observed upon ～（❶）	～するやいなや観察される	127
induced upon ～	～するやいなや誘導される	86
activated upon ～	～するやいなや活性化される	59

❶ Enhancement of CXC chemokine receptor 4（CXCR4）mRNA expression was observed upon treatment with the cytokines TNF-α and IL-1β.（*J Immunol. 2001 166:2695*）

訳 サイトカイン TNF-αおよび IL-1βによって処理するやいなや，～が観察された

Ⓑ 自動詞＋ upon

自動詞＋ upon は，「～に」または「～するやいなや」の意味で用いられる．

◆～に（自動詞＋ upon）

		用例数
depends upon ～（❶）	～に依存する	174

❶ This stimulation of VEGF expression depends upon the ability of αvβ3 integrin to cluster and promote phosphorylation of p66 Shc.（*Proc Natl Acad Sci USA. 2005 102:7589*）

訳 この VEGF 発現の刺激は，～するα v β 3 インテグリンの能力に依存する

36 via

via は，「～を経て」という意味だが，「～によって」という意味でも用いられる．through と非常に意味が近い．through や by との比較については，第 1 章-Ⅷの 1-C および 2-B に示してある．

Ⓐ 他動詞（過去分詞）＋ via

◆～によって〔他動詞（過去分詞）＋ via〕

		用例数
mediated via ～（❶）	～によって仲介される	304

❶ We show that SCF-induced cell cycle progression is mediated via activation of the Src kinase/c-Myc pathway. (*Mol Cell Biol. 2005 25:6747*)

訳 SCF に誘導される細胞周期進行は，Src キナーゼ/c-Myc 経路の活性化によって仲介される

B 自動詞＋ via

自動詞＋ via は，「～を経て」「～によって」という意味で用いられる．

◆～を経て/～によって（自動詞＋ via）		用例数
occurs via ～ （❶）	～によって起こる	244
proceeds via ～	～を経て進行する	98

❶ In muscle, the degradation of the muscle transcription factor MyoD and its inhibitor Id1 **occurs via** the ubiquitin-proteasome system. (*Oncogene. 2005 24:6376*)

訳 筋肉の転写因子 MyoD およびそれの抑制物質 Id1 の分解が，ユビキチン・プロテアソーム系によって起こる

37 with

with は，「～とともに」「～にくっついて」という意味をもつ．また，手段を表す「～によって」の用法も多い．to との比較は第 1 章-Ⅷの 1-D，4-C に，by との比較は第 1 章-Ⅷの 1-C に示してある．

A 他動詞（過去分詞）＋ with

過去分詞＋ with は，主に「～と」「～によって」「～に」「～を」の 4 つの意味で用いられる．

◆～と〔他動詞（過去分詞）＋ with〕		用例数
associated with ～ （❶）	～と関連する	26,765
compared with ～ （❷）	～と比較される/～と比較して	15,621
correlated with ～	～と相関する	4,814
combined with ～	～と組合わされる	1,569
coupled with ～	～と結合する	863
complexed with ～	～と複合体を形成する	519

incubated with ～	～とインキュベートされる	608
colocalized with ～	～と共存する	478

❶ Rofecoxib, but perhaps not all cyclooxygenase-2 inhibitors, may be associated with increased risk for myocardial infarction. (*Curr Opin Gastroenterol. 2005 21:660*)

訳 ～は，心筋梗塞の増大したリスクと関連するかもしれない

❷ Multiple proinflammatory cytokine genes were constitutively overexpressed in cftr $^{-/-}$ pancreas compared with wild-type mice. (*Gastroenterology. 2005 129:665*)

訳 ～は，野生型マウスと比較して cftr $^{-/-}$ の膵臓において構成的に過剰発現された

◆～によって〔他動詞（過去分詞）＋ with〕

		用例数
treated with ～（❶）	～によって治療される	4,600
obtained with ～	～を使って得られる	786
increased with ～	～によって増大される	698
immunized with ～	～によって免疫される	651
labeled with ～	～によってラベルされる	581
performed with ～	～によって実行される	539
stimulated with ～	～によって刺激される	525

❶ The cells were treated with vehicle or Dex. (*Invest Ophthalmol Vis Sci. 2003 44:5301*)

訳 その細胞が，溶媒または Dex によって処理された

◆～に〔他動詞（過去分詞）＋ with〕

		用例数
observed with ～（❶）	～に観察される	1,206
seen with ～	～にみられる	528

❶ Both of these genes were expressed at levels higher than those observed with the wild-type U6 gene. (*Mol Cell Biol. 1996 16:1275*)

訳 これらの遺伝子の両方が，野生型 U6 遺伝子に観察されるそれらより高いレベルで発現した

◆～を〔他動詞（過去分詞）＋ with〕

		用例数
infected with ～（❶）	～を感染される	2,171
transfected with ～（❷）	～を移入される	1,379
injected with ～	～を注入される	534
challenged with ～	～を接種される	416
inoculated with ～	～を接種される	353

❶ DNA replication is also reduced in cells **infected with** vJSΔ54.（*J Virol. 2006 80:769*）

訳 DNA 複製は，また，vJSΔ54 を感染させられた細胞において低下している

❷ Cells **transfected with** wild-type TSC-22 exhibited reduced growth rates and increased levels of p21 compared with vector-transfected cells.（*J Biol Chem. 2003 278:7431*）

訳 野生型 TSC-22 をトランスフェクトされた細胞は，低下した増殖率を示した

B 自動詞＋ with

自動詞＋ with は，「～と」という意味で使われる．

◆～と（自動詞＋ with）

		用例数
interact with ～（❶）	～と相互作用する	3,254
interfere with ～	～と干渉する	812

❶ TPRs **interact with** other proteins, although few details on TPR-protein interactions are known.（*Proc Natl Acad Sci USA. 2000 97:3901*）

訳 TPR は，他のタンパク質と相互作用する

C 名詞＋ with

名詞＋ with は，主に「～の/～をもつ」「～との」「～による」の 3 つの意味で用いられる．ただし，直前の名詞ではなく，それより前の動詞や名詞を修飾する場合もある．特に「名詞＋ of ＋名詞＋ with」の用例はかなり多い（本項 22-I 参照）．

◆〜の/〜をもつ（名詞＋ with）

		用例数
patients with 〜（❶）	〜の患者	16,221
subjects with 〜	〜の対象者	1,451
women with 〜	〜の女性	1,281
individuals with 〜	〜の個々人	1,068
children with 〜	〜の子供	1,015
genes with 〜	〜をもつ遺伝子	673
mutants with 〜	〜をもつ変異体	580

❶ Treatment with *α* interferon is a standard therapy for **patients with** chronic hepatitis B virus（HBV）infections.（*J Virol. 2005 79:11045*）

訳 〜は，慢性肝炎 B 型ウイルス（HBV）感染の患者に対する標準的治療である

◆〜との（名詞＋ with）

		用例数
interaction with 〜（❶）	〜との相互作用	3,462
association with 〜	〜との結合	2,425
complex with 〜	〜との複合体	2,009
combination with 〜	〜との組合わせ	1,446
agreement with 〜	〜との一致	1,105
comparison with 〜	〜との比較	937
conjunction with 〜	〜との結合	933

❶ These tissue-specific functions of Runx2 are likely to be dependent on its **interaction with** other proteins.（*Dev Biol. 2004 270:364*）

訳 Runx2 の組織特異的な機能は，他のタンパク質とそれの相互作用におそらく依存するようであろう

◆〜による（名詞＋ with）

		用例数
treatment with 〜（❶）	〜による処置	4,240
infection with 〜	〜による感染	1,566
studies with 〜	〜による研究	931
experiments with 〜	〜による実験	717
stimulation with 〜	〜による刺激	646
pretreatment with 〜	〜による前処置	635
immunization with 〜	〜による免疫	623

❶ MPP-induced PGE2 increase was completely abolished by **treatment with** DuP697, a COX-2 selective inhibitor. (*FASEB J. 2005 19:1134*)

訳 MPP に誘導される PGE2 の増大は，DuP697 による処置によって完全に消失した

D 形容詞＋ with

形容詞＋ with は，「～と」「～に」という意味で用いられる．

◆～と（形容詞＋ with）

		用例数
consistent with ～（❶）	～と一致した	10,971
coincident with ～	～と一致した	401
concomitant with ～	～と同時に	331

❶ These results are **consistent with** the hypothesis that medial PBN neurons mediate anorexia through 5HT2C receptors. (*Brain Res. 2006 1067:170*)

訳 これらの結果は，～という仮説と一致する

◆～に（形容詞＋ with）

		用例数
compatible with ～（❶）	～に適合する/～と互換性のある	470
comparable with ～	～に匹敵する	378

❶ Our results are **compatible with** a model in which Stat5bA630P is an inactive transcription factor by virtue of its aberrant folding and diminished solubility triggered by a misfolded SH2 domain. (*J Biol Chem. 2006 281:6552*)

訳 われわれの結果は，～というモデルに適合する

38 within

within は「～以内に」という意味だが，in と近い「～内に」という意味で用いられることが多い．in よりも「～の内」であることが強調される．

Ⓐ 他動詞（過去分詞）＋ within

◆～内に〔他動詞（過去分詞）＋ within〕

		用例数
located within ～（❶）	～内に位置する	529
contained within ～	～内に含まれる	252
found within ～	～内にみつけられる	201

❶ Therefore, we conclude that the dimerization domain of UreR is located within the N-terminal half of UreR. （*J Bacteriol. 2001 183:4526*）

訳 UreR の二量体形成領域は，UreR の N 末端半分内に位置する

Ⓑ 名詞＋ within

◆～内の（名詞＋ within）

		用例数
sites within ～（❶）	～内の部位	432
residues within ～	～内の残基	388
mutations within ～	～内の変異	306

❶ The ODNs were targeted to two different sites within the c-myb mRNA. （*Nucleic Acids Res. 2004 32:5791*）

訳 その ODN は，c-myb メッセンジャー RNA 内の 2 つの異なる部位を標的にした

Ⓒ within ＋名詞句

◆～以内に（within ＋名詞句）

		用例数
within ～ h（❶）	～時間以内に	503
within ～ min	～分以内に	355
within ～ days	～日以内に	304
within ～ weeks	～週以内に	144

❶ SOCS3 expression increases 9-fold within 5 h of IL-4 treatment. （*J Immunol. 2005 174:2494*）

訳 SOCS3 発現は，IL-4 処理の 5 時間以内に 9 倍増大する

39 without

without は，「～のない」という意味で用いられる．

Ⓐ 名詞＋ without

◆～のない（名詞＋ without）

		用例数
patients without ～（❶）	～のない患者/～でない患者	433
cells without ～	～のない細胞	195
women without ～	～のない女性	85

❶ The study cohort comprised 173,643 patients with diabetes and 650,620 **patients without** diabetes. （*Gastroenterology*. 2004 126:460）

訳 その研究コホートは，173,643 名の糖尿病の患者と 650,620 名の糖尿病のない患者からなっていた

Ⅷ. 意味の似た前置詞の使い分け

前置詞には，それぞれ固有の意味があるが，同じような意味をもつ前置詞もまた複数存在する．このような類似の意味をもつ前置詞の使い分けは，先行する動詞，名詞，形容詞が何であるかに大きく関係する．例えば，to と with はどちらも日本語で言えば「～と」に近い意味をもつ場合があるが，linked to，bound to，related to などの場合には to が高頻度に用いられる．一方，correlated with，combined with，colocalized with などでは with がもっぱら用いられ，明らかな使い分けがある．ところが，compared や coupled のように to と with の両方が同じように用いられる場合もある．

このような使い分けの理由は，言語学の専門家になるのであれば説明できなければならないかもしれないが，科学論文を書くためだけならあまり深く考える必要はないのではないだろうか．実際に論文でよく使われる単語＋前置詞のパターンで覚えてしまった方が早い．ここでは意味の似た前置詞について，他動詞（過去分詞）＋前置詞，自動詞＋前置詞，名詞＋前置詞，形容詞＋前置詞に分けて以下に示す．

1 他動詞（過去分詞）＋前置詞の使い分け

Ⓐ ～の間で/～を越えて： between, among, across

between は 2 者，among は 3 者以上を比較する場合に用いられる．以下の表で示す語はいずれも between とともに用いられることが多いが，located と made を除くほとんどの語はしばしば among とも用いられる．一方，across とともに用いられる過去分詞は比較的少ないものの conserved や distributed などがある．across は「～を横切って/～を越えて」という意味だが，among と近い意味で用いられることも多い．

◆ between, among, across（～の間で/～を越えて）の使い分け

（数字：用例数）

		総計	between	among	across
conserved	保存される	10,380	236 (❶)	445 (❷)	116 (❸)
distributed	分布した	1,681	40	77	83
observed	観察される	24,938	564	155	36
identified	同定される	24,000	52	57	3
found	みつけられる	31,229	450	121	9
detected	検出される	10,948	81	38	5
seen	みられる	5,756	101	50	12
shared	共有される	1,328	74	35	4
compared	比較される	25,177	161	31	22
expressed	発現した	23,090	56	15	0
located	位置する	5,765	250 (❹)	1	4
made	なされる	3,867	90	3	3

❶ All transcripts were highly **conserved between** human and mouse. (*Gene. 2002 298:91*)

訳 すべての転写物が，ヒトとマウスの間で高度に保存されていた

❷ The genomic sequence surrounding the poly(A) site is highly **conserved among** all vertebrates, but is not present in non-vertebrate species. (*Gene. 2006 366:325*)

訳 ポリA部位の周りのゲノム配列は，すべての脊椎動物の間で高度に保存されている

❸ This NLS is **conserved across** species, among a subfamily of T-box proteins including Brachyury and Tbx10, and among additional nuclear proteins. (*Hum Mol Genet. 2005 14:885*)

訳 この核移行シグナルは，種を越えて保存されている

❹ The results revealed an IL-1 β-responsive element **located between** -2138 and -2068 bp. (*J Biol Chem. 2002 277:31526*)

訳 その結果は，-2138と-2068 bpの間に位置するIL-1 β-応答エレメントを明らかにした

Ⓑ ～に： to, into, toward, in

日本語の「～に」に相当する前置詞としては，方向を表す to，into，toward と関係を意味する in などがある．

a）～に/～へ： to, into, toward（方向）

この意味では，to が最も幅広く用いられる．into は「～のなかに」という意味をもち，incorporated，infused，injected，integrated，introduced，organized，secreted，transfected，transformed などとともに好んで用いられる．toward は「～の方に」という意味で，biased，directed，oriented などと用いられるが用例数は比較的少ない．

◆ to，into，toward（～に/～へ）の使い分け　（数字：用例数）

		総計	to	into	toward
added	添加される	2,096	779 (❶)	9	0
attributed	帰する	1,577	1,439	0	0
confined	限局される	678	511	0	0
conjugated	抱合される	845	230	0	0
exposed	暴露される	4,117	2,400	2	1
given	与えられる	4,486	178	2	0
localized	位置する	5,637	1,876	4	4
mutated	変異した	2,536	321	5	1
opposed	反対する	414	313	0	0
optimized	最適化される	743	79	1	0
purified	精製される	6,498	263	1	0
reduced	低下した	21,308	425	0	1
restored	回復される	2,331	142	0	2
restricted	制限される	3,980	1,361	0	0
transmitted	伝達される	737	108	5	0
tethered	繋ぎ止められる	507	159	1	0
recruited	動員される	1,384	580	71	0
administered	投与される	2,558	305	44	0
converted	変換される	1,019	535	167	0
delivered	送達される	1,034	223	54	0
engineered	操作される	1,347	322	61	1
transduced	伝達される	1,286	47	41	0

		総計	to	into	toward
incorporated	取り込まれる	1,366	9	750 (❷)	0
infused	注入される	603	7	101	0
injected	注入される	2,435	11	544	0
integrated	統合される	1,498	33	189	0
introduced	導入される	2,023	75	661	0
organized	組織化される	852	16	166	0
secreted	分泌される	2,987	15	105	0
transfected	トランスフェクトされる	4,515	50	271	0
transformed	形質転換される	1,936	37	135	1
shifted	移される	828	155	2	34
directed	向けられる	4,555	211	6	130
oriented	方向づけられる	694	11	2	37
biased	偏る	2,066	12	0	51 (❸)

❶ Expression of CYP2R1 in cells led to the transcriptional activation of the vitamin D receptor when either vitamin D2 or D3 was **added to** the medium. (*J Biol Chem. 2003 278:38084*)
訳 ビタミン D2 あるいは D3 のどちらかが培地に添加されたとき

❷ Organic cations of increasing size were used as current carriers through the PC2 channel after PC2 was **incorporated into** lipid bilayers. (*J Biol Chem. 2005 280:29488*)
訳 PC2 が脂質二重層に取り込まれたあと

❸ In control mice, T cell responses to the 134- to 146-residue peptide of conalbumin〔pCA (134-146)〕were **biased toward** use of Vα-2/Vβ-8.2 TCR. (*J Immunol. 1997 159:5936*)
訳 〜は，Vα-2/Vβ-8.2 TCR の使用に偏っていた

b）〜に：in，into，on（関係）

「〜に」という意味の in は，involved，implicated など「関与」を意味する動詞とともに用いられることが多い．これらの過去分詞のあとに into や on が用いられることはほとんどない．

◆ in, into, on（～に）の使い分け
（数字：用例数）

		総計	in	into	on
involved	関与する	14,881	12,941 (❶)	2	3
implicated	関与する	5,240	4,105	1	2

❶ In this study, we demonstrate that cidR is involved in the regulation of cidABC expression.（*J Bacteriol. 2005 187:5893*）
訳 cidR は，cidABC 発現の調節に関与する

C ～によって/～を：by, with, through, via

「～によって」という意味には，by，with，through，via が用いられる．

a）～によって/～を使って：by, with, through, via/using

by は非常に幅広く使われる．with も使われる範囲が広く，特に immunized，labeled，reconstituted，stained，treated の場合は，by よりも優先的に用いられる．through と via はほぼ同じ意味で，achieved，identified，generated，mediated，regulated などとともに用いられることが多いが，by よりも使われる頻度は低い．using は，前置詞ではないが，「～を使って」という意味で by/with と置き換えて使われることがある．

◆ by，with，through，via，using（～によって/～を使って）の使い分け
（数字：用例数）

		総計	by	with	through	via	using
followed	伴われる	5,929	4,569	14	15	0	10
demonstrated	実証される	16,333	1,199	130	36	8	153
determined	決定される	13,615	4,005	212	32	16	436
assessed	評価される	5,845	1,758	249	33	23	282
analyzed	分析される	6,705	1,026	199	6	9	330
disrupted	壊される	1,786	292	14	7	1	7
established	確立される	5,411	340	33	25	9	61
evaluated	評価される	5,737	583	194	16	3	190
examined	調べられる	13,502	752	183	18	8	350
induced	誘導される	44,641	6,800 (❶)	124	26	34	11
prepared	調製される	2,385	288	91	11	33	60

		総計	by	with	through	via	using
freduced	低下した	21,308	1,494	109	12	3	9
synthesized	合成される	3,041	298	66	13	31	41
modified	修飾される	4,276	440	172	9	5	8
stimulated	刺激される	8,815	1,068	525	27	11	5
increased	増大される	36,612	1,268	698	15	1	7
obtained	得られる	8,614	993	786	79	32	336
performed	行われる	8,500	383	539	7	6	441 (❷)
conducted	行われる	2,442	77	123	5	2	58
immunized	免疫される	1,386	20	651	1	3	1
labeled	ラベルされる	4,924	141	582	1	3	20
reconstituted	再構築される	1,321	32	303	0	0	9
stained	染色される	826	24	184	0	0	5
treated	処置される	11,677	146	4,600 (❸)	3	0	10
created	作製される	1,547	360	30	19	4	30
achieved	達成される	3,066	771	296	141	39	94
generated	産生される	8,238	1,732	113	63	42	129
identified	同定される	24,000	1,514	197	126	18	206
mediated	仲介される	27,067	5,545	1	770 (❹)	304 (❺)	0
regulated	調節される	13,841	4,084	79	135	51	5

❶ The general stress regulon of Bacillus subtilis is induced by the activation of the σ^B transcription factor. (*J Bacteriol. 2003 185:5714*)
訳 ～は，σ^B 転写因子の活性化によって誘導される

❷ Immunofluorescence studies were performed using antibodies against the m1, m2, and m3 muscarinic receptor subtypes and VIP receptors 1 and 2 (VIPR1 and VIPR2). (*Invest Ophthalmol Vis Sci. 1999 40:1102*)
訳 免疫蛍光法研究が，～に対する抗体を使って行われた

❸ STAT4 becomes activated when cells are treated with interleukin-12, a key cytokine regulator of cell-mediated immunity. (*J Biol Chem. 1998 273:17109*)
訳 細胞がインターロイキン 12 によって処理されると

❹ These effects are mediated through activation of peroxisome prolifera-

tor-activated receptor α (PPAR α). (*Mol Pharmacol. 2003 63:722*)
訳 これらの効果は，～の活性化によって仲介される

❺ Furthermore, these data suggest that some of the antithrombotic actions of prostacyclin may be **mediated via** activation of PPARs. (*FASEB J. 2006 20:326*)
訳 ～は，PPAR の活性化によって仲介されるかもしれない

b）～を（～によって）： with, by

a）の「～によって」と非常に近い意味であるが，with は「～を」という意味にも使われる．病原菌や DNA が細胞のなかに入ることを意味することが多い．with が使われる用例が多いが，infected，transduced，transformed では by もほぼ同様の意味で用いられる．

◆ with，by〔～を（～によって)〕の使い分け （数字：用例数）

		総計	with	by
transfected	トランスフェクトされる	4,515	1,379 (❶)	10
injected	注入される	2,435	534	9
vaccinated	予防接種される	712	161	5
infused	注入される	603	120	2
infected	感染した	10,005	2,171	164
transduced	伝達される	1,286	279	82
transformed	形質転換される	1,936	157	110 (❷)

❶ These data were validated using Cos-7 cells **transfected with** wild-type and mutated KIT. (*Blood. 2004 103:1078*)
訳 これらのデータは，野生型および変異した KIT をトランスフェクトされた Cos-7 細胞を使って検証された

❷ In cells **transformed by** H-Ras, we found increased coprecipitation of ARF6 with RalA. (*Mol Cell Biol. 2003 23:645*)
訳 H-Ras によって形質転換された細胞において

D ～と： to, with

結合や結び付きを示す「～と」の意味で用いられる前置詞として to

と with がある．どちらが使われるかは前の動詞によってほぼ決まっている．associated，incubated，replaced，shared，colocalized，combined，correlated，complexed には with が使われ，linked，bound，related には to が使われる．また，compared や coupled には，to と with の両方が用いられる．

◆ to，with（～と）の使い分け　（数字：用例数）

		総計	to	with
associated	関連する	37,848	25	26,765 (❶)
incubated	インキュベートされる	1,017	1	608
replaced	置換される	1,470	3	465
shared	共有される	1,328	1	109
colocalized	共存する	724	26	478
combined	組合わされる	4,821	62	1,569
correlated	相関する	6,593	190	4,814
complexed	複合体形成した	735	93	519
compared	比較される	25,177	5,510	15,621
coupled	共役する	4,904	924	864
linked	連結される	7,944	2,708	212
bound	結合した	10,890	3,300	142
related	関連した	17,308	4,901 (❷)	9

❶ In the general population, hyperglycemia in the absence of diabetes may be **associated with** increased risk for mortality.（*J Am Soc Nephrol. 2005 16:3411*）
訳 ～は，死亡に対する増大したリスクと関連するかもしれない

❷ This novel enzyme is most closely **related to** PRMT1, although it has a distinctive N-terminal region.（*J Biol Chem. 2005 280:32890*）
訳 この新規の酵素は，PRMT1 と最も密接に関連する

2 自動詞＋前置詞の使い分け

A ～に： to, into, on, upon

「～に」を意味する自動詞＋前置詞のパターンには，to，into，on，upon が用いられる．contribute，lead，bind には to が使われ，differentiate には into が使われる．depend，focus，rely には on が用いられるが，upon が用いられることもある．

◆ to，into，on，upon（～に）の使い分け　（数字：用例数）

		総計	to	into	on	upon
contribute	寄与する	7,037	6,358 (❶)	0	0	0
leads	つながる	5,099	4,830	2	0	0
binds	結合する	7,606	3,222	4	7	0
differentiate	分化する	1,213	46	419 (❷)	4	2
depends	依存する	2,572	4	0	2,095	174
focused	集中した	1,156	6	6	813 (❸)	10
relies	頼る	468	1	0	391	25

❶ We hypothesized that CD44 variants contribute to the development of arterial diseases. (*Am J Pathol. 2004 165:1571*)
訳 CD44 の変異体は，動脈疾患の発症に寄与する

❷ Megakaryopoiesis is the process by which hematopoietic stem cells in the bone marrow differentiate into mature megakaryocytes. (*J Biol Chem. 2004 279:52183*)
訳 ～は，成熟した巨核球に分化する

❸ Several recent studies have focused on the role of angiogenesis in hematologic malignancies. (*Curr Opin Hematol. 2005 12:279*)
訳 いくつかの最近の研究は，～における血管新生の役割に集中してきた

B ～によって： through, via, by

「～によって/～を経て」を意味する前置詞には，through，via，by がある．以下に示す自動詞のうち，pass 以外は 3 つのいずれの前置詞と

も用いられる．一方，pass には through のみが用いられる．

◆ through, via, by（～によって/～を経て）の使い分け（数字：用例数）

		総計	through	via	by
occurs	起こる	6,953	312 (❶)	244	276 (❷)
proceeds	進行する	564	105	98	65
act	作用する	3,979	113	48	141
pass	通過する	329	89	1	1

❶ Rather, our data suggest that palmitate-induced apoptosis occurs through the generation of reactive oxygen species. （*J Biol Chem. 2001 276:14890*）

訳 パルミチン酸に誘導されるアポトーシスは，活性酸素種の産生によって起こる

❷ Regulation of integrin activation occurs by specific interactions among cytoplasmic proteins and integrin α and β cytoplasmic tails. （*J Biol Chem. 2004 279:33039*）

訳 インテグリン活性化の調節は，～の間の特異的な相互作用によって起こる

3 名詞＋前置詞の使い分け

A ～に対する： on, for, to, against, over

「～に対する」という意味で用いられる前置詞には，on，for，to，against，over がある．on を後ろに伴うことが多い名詞には，dependence，effect，impact，influence などがある．for を伴うことが多い名詞には，adjustment，explanation，requirement などがある．to を伴うことが多い名詞としては，homology，resistance，similarity，susceptibility などがある．また，for と to のいずれもが使われる名詞もある．against は「～に対抗して」という意味で，これを伴うことが多い名詞としては，defense，protection，vaccine などがある．responses，immunity，antibodies には，against だけでなく to も用いられる．over を伴うことが多い名詞としては，advantage や control があるが，これらには to が使われる場合もある．

◆ on, for, to, against, over（～に対する）の使い分け

（数字：用例数）

		総計	on	for	to	against	over
dependence	依存	3,119	486	58	11	0	2
effect	影響	26,297	7,336 (❶)	97	55	73	13
impact	影響	2,868	840	1	6	0	2
influence	影響	4,869	501	2	2	0	20
action	作用	6,442	194	85	32	20	5
adjustment	調整	1,275	1	946	24	0	0
explanation	説明	980	0	685 (❷)	3	0	0
requirement	必要性	2,315	1	1,651	18	0	0
values	価値	6,593	19	934	39	7	6
specificity	特異性	7,250	16	614	144	12	0
substrate	基質	11,239	16	880	147	1	4
support	支持	8,806	29	781	202	0	1
affinity	親和性	11,136	9	1,790	410	3	8
sensitivity	感受性	8,360	15	175	1,943	0	7
binding	結合	65,371	86	104	7,053	4	6
homology	相同性	4,003	4	9	1,034	0	1
resistance	抵抗性	9,899	30	23	2,693 (❸)	74	6
similarity	類似性	2,595	1	12	945	1	6
susceptibility	感受性	3,892	1	21	1,542	0	1
responses	応答	17,914	44	55	4,209	269	12
immunity	免疫	3,017	5	10	384	223	1
antibodies	抗体	7,396	25	56	1,148	622	3
defense	防御	1,551	1	1	22	332 (❹)	0
protection	保護	3,921	5	26	57	927	5
vaccine	ワクチン	3,715	5	82	56	106	0
advantages	利点	685	1	54	20	0	140
control	制御	22,974	47	206	1	2	193 (❺)

		総計	on	for	to	against	over
improvement	改善	1,948	29	12	0	0	67

❶ Whereas CHK had no significant **effects on** the expression of YY1, c-Myc, Max, and other YY1-binding proteins, CHK was found to modulate the YY1/c-Myc association. (*Cancer Res. 2005 65:2840*)
訳 CHK は，～の発現に対して有意な影響をもたなかった

❷ We present two possible **explanations for** these observations. (*Genetics. 2005 171:145*)
訳 われわれは，これらの観察に対する 2 つの可能な説明を提示する

❸ AKT activation enhances **resistance to** apoptosis and induces cell survival signaling through multiple downstream pathways. (*Oncogene. 2005 24:6719*)
訳 AKT の活性化は，アポトーシスに対する抵抗性を増大させる

❹ Leukocytes form the front line in **defense against** infection and are the first cells arriving at the site of inflammation. (*Curr Opin Hematol. 2006 13:34*)
訳 白血球は，感染に対する防御における前線を形成する

❺ Arf and Hdm2 thus appear to interact through a novel mechanism that exerts **control over** the cell division cycle. (*J Mol Biol. 2001 314:263*)
訳 細胞分裂周期に対する制御を行う新規の機構

B ～に関する： about, on, of

名詞の後で「～に関する」という意味で用いられる前置詞には，about と on がある．about を後ろに伴う名詞には，concern，information，knowledge，question があるが，information は on を伴う用例も多い．「～に関する」という意味で on を後ろに伴うことが多い名詞には，data，report，study，research などがある．また，of もほぼ同様の意味で用いられ，これらの単語のほとんどは後ろに of を伴う場合もある．

◆ about，on，of（～に関する）の使い分け

（数字：用例数）

		総計	about	on	of
concerns	関心	398	97	0	15
questions	疑問	951	188 (❶)	33	38
knowledge	知識	1,931	105	22	791

		総計	about	on	of
information	情報	7,618	829	778	63
data	データ	35,929	39	883 (❷)	192
report	レポート	14,074	2	418	397
studies	研究	31,813	2	808	3,837
research	研究	3,354	2	191	12

❶ These results raise **questions about** current models for Hop/Hsp70 interaction. (*J Biol Chem. 2004 279:16185*)
訳 これらの結果は，～に対する現在のモデルに関する疑問を提起する

❷ However, there are few **data on** the effects of intestinal transit on bile acid kinetics. (*Gastroenterology. 2001 121:812*)
訳 ～の影響に関するデータはほとんどない

Ⓒ ～の： of, in, for, with

「～の」という意味で用いられる前置詞は，圧倒的に of の場合が多い (identification of，characterization of，observation of，assessment of，evaluation of など)．しかし，日本語の「～の」は意味する範囲が広く，以下のような場合も「～の」という意味になる．増減や変化を意味する increase，change，decrease，difference，defect の後には，通常，「～の」の意味でも of よりは in が用いられる．また，for は「～に対する/～を支持する」という意味だが，evidence，risk，need，search の後で用いられる場合には「～の」の意味になる．with は「～をもつ」という意味で，病気に罹っている patients，subjects，women などの後では「～の」という意味で使われる．

◆ of，in，for，with（～の）の使い分け

（数字：用例数）

		総計	of	in	for	with
identification	同定	5,239	3,963 (❶)	29	8	7
characterization	特徴づけ	3,333	2,829	16	10	6
observation	観察	2,320	438	29	8	11
assessment	評価	1,953	1,099	23	19	13
evaluation	評価	2,099	1,137	68	39	18

		総計	of	in	for	with
increase	増大	21,020	873	13,623	39	158
changes	変化	19,898	496	11,326 (❷)	66	100
decrease	低下	8,002	410	5,455	8	78
differences	違い	10,882	85	5,655	52	48
defects	欠損	5,583	251	2,320	5	43
reduction	低下	10,288	2,720	5,040	28	59
evidence	証拠	16,401	2,977	164	3,553 (❸)	7
risk	リスク	15,438	4,767	291	1,751	42
need	必要性	2,572	48	12	1,251 (❹)	4
search	探索	1,751	179	16	646	5
patients	患者	49,355	113	1,240	209	16,221 (❺)
subjects	対象者	8,944	45	243	37	1,451
women	女性	7,945	55	358	47	1,281

❶ tRNAscan-SE is routinely applied to completed genomes, resulting in the identification of thousands of tRNA genes. (*Nucleic Acids Res. 2005 33:W686*)

訳 そして，（それは）数千のトランスファー RNA 遺伝子の同定という結果になる

❷ Furthermore, changes in H/K-ATPase mRNA expression may not be related to changes in NF κB activity. (*Ann Surg. 2004 239:501*)

訳 H/K-ATP アーゼのメッセンジャー RNA 発現の変化は，NF-κB 活性の変化に関連していないかもしれない

❸ We provide evidence for the biologic activity and safety of etanercept in recurrent ovarian cancer. (*J Clin Oncol. 2005 23:5950*)

訳 われわれは，エタネルセプトの生物学的活性と安全性の証拠を提供する

❹ This approach can be used for populations of cells obtained from individuals without the need for cell culture. (*Proc Natl Acad Sci USA. 2005 102:5802*)

訳 この方法は，細胞培養の必要性なしに個々人から得られた細胞の集団に対して使われうる

❺ Anemia is often observed in patients with chronic heart failure (CHF),

but its implications for patient outcomes are not well understood. (*Circulation. 2004 110:149*)
訳 貧血は，慢性心不全（CHF）の患者においてしばしば観察される

4 形容詞＋前置詞の使い分け

Ⓐ ～の間に： among, between

「～の間に」の意味で，形容詞＋前置詞のパターンに用いられる前置詞には，among と between がある．among を伴うことが多い形容詞には common，unique などが，between を伴うことが多い形容詞には different，similar などがある．

◆ among，between（～の間に）の使い分け （数字：用例数）

		総計	among	between
common	よくある	9,325	149 (❶)	15
unique	独特の	6,422	134	0
different	異なる	23,456	60	309 (❷)
similar	類似した	21,777	89	205

❶ Weight loss is common among patients with Huntington's disease (HD), although the mechanisms contributing to this phenomenon are not known. (*Ann Neurol. 2000 47:64*)
訳 体重低下は，ハンチントン病（HD）の患者の間でよくある

❷ Resting energy expenditure in the fed and fasting states was not significantly different between groups. (*Am J Clin Nutr. 2005 82:320*)
訳 ～は，グループの間で有意には異ならなかった

Ⓑ ～に対して： for, against

for は「～に対して」，against は「～に対抗して」という意味で用いられる．この意味で for を後に伴う形容詞としては，specific，available，positive，homozygous などがある．against を伴う形容詞としては active，protective がある．effective には for と against の両方が用いら

れる．

◆ for，against（〜に対して）の使い分け（数字：用例数）

		総計	for	against
specific	特異的な	40,963	1,793（❶）	5
available	利用可能な	5,142	762	0
positive	陽性の	12,474	678	0
homozygous	ホモ接合性の	1,897	588	0
active	活性がある	17,070	55	124
protective	保護的な	2,852	13	122（❷）
effective	効果的な	6,873	209	119

❶ TH phosphorylation（TH–P）was evaluated by immunocytochemistry, using antibodies specific for each of three regulated phosphorylation sites. （*J Neurosci. 2004 24:4242*）
訳 3つの調節されたリン酸化部位のおのおのに対して特異的な抗体を使って

❷ In addition, the GCC IL–10 promoter haplotype（IL–10 –1082G, –819C, –592C）was found to be protective against disease recurrence. （*Invest Ophthalmol Vis Sci. 2005 46:4245*）
訳 〜は，疾患の再発に対して保護的であることがみつけられた

C 〜に：to, with

形容詞＋前置詞のパターンの to と with は，「〜に」という意味をもつ．この意味で，後に to を伴うことが多い形容詞には due，relative，resistant，sensitive，similar などがある．with を伴うことが多い形容詞としては compatible があるが，to が用いられることも多い．

◆ to，with（〜に）の使い分け（数字：用例数）

		総計	to	with
due	せいで（帰す）	9,129	8,564	0
relative	関連する	10,230	4,093	19
resistant	抵抗性の	6,321	2,182	5
sensitive	感受性の	9,469	2,752	6

		総計	to	with
similar	類似した	21,777	8,315 (❶)	83
comparable	匹敵する	3,050	1,215	378
compatible	適合性の	637	6	470 (❷)

❶ The helical topology of p25 is very similar to that of cyclin A. (*J Mol Biol. 2005 349:764*)

訳 p25のらせん状のトポロジーは，サイクリンAのそれに非常に類似している

❷ Our assay is fully compatible with intracellular cytokine staining, and can be used for stimulations as long as 24 h. (*Nat Med. 2005 11:1113*)

訳 われわれのアッセイは，細胞内サイトカイン染色に完全に適合する

5 期間や時を意味する前置詞の使い分け

Ⓐ ～の間に/～において： during, over, in, within, throughout, at, for

期間（～の間に）を表す前置詞としては，during，over，in などがある．during，over が期間全体を指すのに対して，in は「期間内のどこか」という意味で用いられる．throughout は「～の間ずっと」という意味で，期間全体を通して起こることに対して使われる．within は「～以内に」という意味であるので，用途はかなり限定されている．at は，時間経過の一点のみを指す場合に使われる．また，for はさまざまな意味で用いられる前置詞であるが，期間を示す用例もある．during が何かが生じた時期を述べるのに対して，for はそれがどれだけ続いたかを示すために用いられる．以下にまとめた使い分けのパターンを学ぶことによって，それぞれの前置詞の使い方もわかるであろう．

◆ during, over, in, within, throughout, at
(～間に/～において)の使い分け (数字：用例数)

		during	over	in	within	throughout	at
the first ～	最初の～	773 (❶)	98	1,042 (❷)	327 (❸)	12	114
the last ～	最近の～	114	127	177	33	5	26
the past ～	過去～	149	339 (❹)	331	21	7	0
the early ～	早期の～	300	4	664	12	4	56
the course of ～	～の経過	252	157	230	0	50	0
development	発生	1,105	2	549	0	116 (❺)	1
the time of ～	～の時間	7	0	7	1	0	951 (❻)

◆ during, over, in, within, throughout, at, for
(～間に/～において)の使い分け (数字：用例数)

		during	over	in	within	throughout	at	for
～ days	～日	40	128	54	304	2	776	507 (❼)
the period	期間	157	25	27	0	22	0	44

❶ GHB effects were mainly observed during the first 2 h after sleep onset. (*J Clin Invest. 1997 100:745*)
訳 GHB の効果が，主に睡眠開始のあとの最初の 2 時間の間に観察された

❷ The treatment effect was observed primarily in the first year. (*Invest Ophthalmol Vis Sci. 2003 44:1492*)
訳 治療効果が，主に最初の年の間に観察された

❸ Most deaths from malaria occur within the first 24 h of admission, despite appropriate antimalarial chemotherapy. (*Trends Parasitol. 2005 21:562*)
訳 マラリアによるほとんどの死亡は，入院の最初の 24 時間以内に起こる

❹ Over the past decade mTOR research has progressed dramatically. (*Curr Opin Lipidol. 2005 16:317*)
訳 過去十年の間に，mTOR の研究が劇的に進歩した

❺ Adrenomedullin receptor mRNA was constitutively expressed throughout development of the ventricular heart. (*J Biol Chem. 1998 273:17787*)

訳 アドレノメデュリン受容体のメッセンジャーRNAが，～の発生の間ずっと構成的に発現された

❻ Blood was obtained **at the time of** cardiac arrest（cases）or at the time of an interview（controls）to assess trans-fatty acid intake.（*Circulation. 2002 105:697*）

訳 血液が，心停止の時に得られた

❼ Animals were treated **for 10 days** and killed.（*Ann Surg. 2005 242:140*）

訳 動物は，10日間処理された

Ⅸ．接続詞

接続詞は，語と語，句と句，文と文をつなぐために用いられる．語・句・節を対等の関係で結びつけるものを等位接続詞といい，従位節を導いて主節に結びつけるものを従位接続詞という．

論文執筆においても，特に長い文を組み立てる際に重要である．これについては，第2章-Ⅱで詳しく述べる．ここでは，論文でよく用いられる接続詞の種類と用法について概説する．

1　等位接続詞

等位接続詞には以下のようなものがある．語と語をつないだり，あるいは文と文をつないで等位節をつくるために使われる．nor は，neither とセットで用いられることが多い．

◆代表的な等位接続詞

		用例数
and（❶）	そして	917,097
or	あるいは	123,272
nor（❷）	…も～ない	3,353
but	しかし	67,204
yet	しかし/けれども	4,197

❶ TEL2 is expressed in the hematopoietic system, and its expression is up-regulated in bone marrow samples of some patients with leukemia, suggesting a role in oncogenesis. （*Blood. 2006 107:1124*）

訳 そして，それの発現は～において上方制御される

❷ We also show that p16 protein expression is neither necessary nor sufficient for initiation and/or maintenance of SN-38-induced arrest/senescence. （*Oncogene. 2004 23:1283*）

訳 p16 タンパク質は，～のために必要でも十分でもない

2 従位接続詞

従位接続詞は，従位節を導くもので論理的な文章を書くためには非常に重要な要素である．主に副詞節を導くものと名詞節を導くものとがある．

Ⓐ 副詞節を導く接続詞

従位副詞節を導く接続詞には以下のようなものがある．although は「～だけれども」という譲歩の意味の接続詞として，文頭に用いられることがかなり多い．whereas も譲歩の意味だが，文の後半で逆接的に「だが一方」という意味で用いられ，文頭で使われることはほとんどない．while も文の後半で whereas と同じような意味となる用例が多いが，文頭で although とほぼ同様に「～だけれども」という意味で使われることもある．また，after と when は時を，since は原因を，if は条件を表す接続詞として用いられる．

◆副詞節を導く接続詞

		用例数
although ～（❶）	～だけれども	18,485
though ～	～だけれども	1,550
while ～（❷）	だが一方～/～だけれども	12,692
whereas ～（❸）	だが一方～	17,426
after ～	～のあとで	39,822
when ～	～のとき	28,301
if ～	もし～なら	6,835
because ～（❹）	～なので	14,543
since ～	～なので/～以来	4,762
as ～（❺）	～なので/～につれて/～であるように	128,418

❶ **Although** the mechanism responsible for the deleterious interaction is unclear, a direct binding event may be required. (*J Neurosci. 2005 25:629*)
訳 有害な相互作用に責任のある機構は不明であるけれども

❷ One mutant virus failed to spread from the retina into the optic nerve, **while** the other spread normally. (*J Virol. 2005 79:13362*)
訳 だが一方，他方は正常に広がる

❸ Forty-two of these patients had asthma, **whereas** the remaining patients had various respiratory disorders. (*Am J Respir Crit Care Med. 2005 171:1083*)
訳 だが一方，残りの患者はさまざまな呼吸器疾患をもっていた

❹ **Because** the effects of the G proteins are not additive, the intracellular events distal to G protein activation most likely converge at some point before exocytosis. (*Invest Ophthalmol Vis Sci. 1998 39:1339*)
訳 G タンパク質の影響は相加的ではないので

❺ **As** the temperature increases, both ΔH degree and TΔS degree decrease proportionately, resulting in a strong enthalpy-entropy compensation effect. (*Biochemistry. 1998 37:3499*)
訳 温度が上昇するにつれて

Ⓑ 名詞節を導く接続詞

従位名詞節を導く接続詞には下のようなものがある．これらの名詞節は他動詞の目的語となることが多い．

◆名詞節を導く接続詞

		用例数
that ～	～ということ	371,255
suggest that ～（❶）	～ということを示唆する	24,786
show that ～	～ということを示す	23,059
whether ～	～かどうかということ	13,292
determine whether ～（❷）	～かどうかを決定する	3,308
if ～（❸）	～かどうかということ	6,835

❶ These results **suggest that** Cldn7 expression is an early event in gastric tumorigenesis that is maintained throughout tumor progression. (*Am J Pathol. 2005 167:577*)
訳 これらの結果は，～ということを示唆する

❷ To **determine whether** TTP also regulates IL-2 gene expression *in vivo*, we examined IL-2 expression in primary cells from wild-type and TTP knockout mice. (*J Immunol. 2005 174:953*)
訳 ～かどうかを決定するために

❸ To determine **if** FljB could act as a mucosal adjuvant, mice were immunized by the intranasal (i.n.) route with antigen alone or in conjunction with FljB. (*Infect Immun. 2005 73:6763*)
訳 ～かどうかを決定するために

X. 関係詞

関係詞には，関係代名詞，関係形容詞，関係副詞があるが，論文では関係代名詞の用例数が圧倒的に多い．関係詞は，名詞を修飾する形容詞節を導くために用いられる．形容詞節については，第2章-Ⅱで詳しく述べる．

関係詞も第2章で述べる「論文らしい長い文」を書くために非常に重要な要素である．

1 関係代名詞

関係代名詞には，which，that，who，whose などがある．前にカンマ(,)が付く非制限用法とカンマのない制限用法とがあるが，which は非制限用法の用例が圧倒的に多い．関係代名詞の that は制限用法のみで用いられ，直前にカンマを置くことはできない．また that は，関係代名詞以外にも代名詞としてや that 節などにも用いられる．先行詞が人の場合には that ではなく who が用いられる．whose は所有格で，人以外の先行詞の場合にも用いられる．

また，in which や by which などの前置詞＋ which に関しては第2章-Ⅱで詳しく述べる．

◆論文でよく使われる関係代名詞とその用例

		用例数
, which ～	そして，それは～する	73,217
, which is ～	そして，それは～である	8,235
, which can ～	そして，それは～できる	1,090
, which encodes ～（❶）	そして，それは～をコードする	808
, which contains ～	そして，それは～を含む	623
, which suggests ～	そして，それは～を示唆する	523
… that ～	～する…	371,255
… that is ～	～である…	11,198

… that can ～	～できる…	3,292
… that may ～	～かもしれない…	2,708
… that have ～	～をもつ…	2,296
… that regulate ～（❷）	～を調節する…	1,026
… that binds	結合する…	982
… that express ～	～を発現する…	908
… that contain ～	～を含む…	768
… who ～	～する…	9,552
… who were ～	～であった…	1,627
… who had ～	～をもった…	1,556
… who received ～（❸）	～を受けた…	712
… who underwent ～	～を受けた…	614
patients who ～	～する患者	2,770
women who ～	～する女性	646
… whose ～	その～が…	3,918
… whose expression ～（❹）	その発現が～である…	383

❶ The cowpox virus V061 gene is homologous to vaccinia virus F13L, which encodes a major envelope protein（p37）required for production of extracellular virus.（*J Virol. 2005 79:13139*）

訳 そして，（それは）主要なエンベロープタンパク質（p37）をコードする

❷ However, the mechanisms that regulate CXCL12/CXCR4-mediated signaling are poorly understood.（*J Immunol. 2005 174:2582*）

訳 CXCL12/CXCR4に仲介されるシグナル伝達を調節する機構はあまり理解されていない

❸ Antibody levels for the 25 patients who received transplants also were measured immediately before and 3 months after transplantation.（*J Infect Dis. 2000 181:757*）

訳 移植を受けた25名の患者の抗体レベルが，また測定された

❹ Nkx2.1 encodes a homeodomain transcription factor whose expression is restricted to the thyroid, lung and specific regions of the forebrain.（*Gene. 2004 331:73*）

訳 Nkx2.1は，その発現が～に限られているホメオドメイン転写因子をコードする

2 関係副詞

関係副詞は副詞の意味を兼ねる関係詞であり，以下のようなものが論文でよく使われる．where は in which，whereby は by which と置き換えることができる場合が多い．他にも，when，how，why などが関係副詞として用いられることがある．

◆論文でよく使われる関係副詞とその用例

		用例数
… where ～	（そこで）～である…	7,883
conditions where ～（❶）	～である状態	183
model where ～	～であるモデル	154
… whereby ～	（そこで）～である…	966
mechanism whereby ～（❷）	～である機構	297
… wherein ～	（そこで）～である…	292

❶ No inhibition was observed, even under **conditions where** EcoPI translocation could also occur. (*Nucleic Acids Res. 2004 32:4166*)
訳 EcoPI の転写も起こりうる状態下でさえ，抑制は観察されなかった

❷ Our data document increased activity of PP2A as a novel SLE disease-specific abnormality and define a distinct **mechanism whereby** it represses IL-2 production. (*J Clin Invest. 2005 115:3193*)
訳 ～は，それが IL-2 産生を抑制する別個の機構を明らかにする

第2章

論文らしい長い文の作り方

科学論文の特徴として，1つの文の長さが長いということがあげられる．PubMedにみられる論文抄録で用いられる一文の平均の長さは約24語である．本書について1で解説した例文が30語であるから，24語でもかなり長いように思える．一文一文それだけをみれば文は短い方がわかりやすいに決まっており，むやみに長い文は避けるべきであるが，科学論文として正確で論理的な文章に仕上げようと思えばある程度長い文章にならざるを得ないであろう．

論文らしい長い文章を書くためには，句や節を上手に使う必要がある．日本語と英語の文章の構成はかなり異なっているので，日本人にとってこのような英語論文の執筆はパズルを組み立てるようなものではないだろうか．ただ，このパズルのピースはなかなかうまくできているので，句や節をうまく使えばかなり複雑な構造の文を作ることができる．本章では，句，節，分詞構文やコロン・セミコロンを用いて論文らしい比較的長い文を書くための方法について述べる．

I. 句の種類と用法

句とは，2つ以上の語が集まって1つの品詞のような働きをするものである．まとまった意味をもつ場合もあるが，「主語＋動詞」の構造を備えていない点が節とは異なっている．句には，構造的にみて前置詞句，分詞句，動名詞句，不定詞句などがある．また機能的には，形容詞句，副詞句，名詞句の3つがある．

形容詞句や副詞句が単独の形容詞や副詞と大きく違うところは，後者が修飾される名詞や動詞の前に置かれるのに対し，前者は通常では後に置かれる点にある．日本語では，修飾語は修飾される語の前にしか置けないので，込み入った構造の文をつくることが難しいが，英語では句を後に配置することによってかなり複雑な文を容易に構築することができる．また，句は前置詞などで導かれていて構造がわかりやすいので，形容詞句のなかの名詞をさらに句によって修飾することもできるし，動詞の後に副詞句を複数置くこともできる．このように句をうまく使いこなすことは論文らしい英語を書くためには重要なポイントとなる．

1 形容詞句

形容詞句は，後ろから名詞を修飾する．この点は日本語にはない英語の大きな特徴である．形容詞句をうまく使うことは，長い文を書くための大きなポイントである．これらには，前置詞によって導かれるものや，過去分詞，現在分詞，不定詞などを中心とするものがある．

Ⓐ 前置詞に導かれる形容詞句

以下に示すように前置詞に導かれる形容詞句（前置詞句）は，後ろから名詞を修飾する．

role for progesterone

名詞　　形容詞句

（プロゲステロンの役割）

このような形容詞句で用いられる前置詞の種類は，修飾される名詞によって規定されることが多い．そのため，名詞＋前置詞の組合わせの習得が肝要である．代表的な名詞と形容詞句を導く前置詞との組合わせを以下に示す．

◆名詞＋形容詞句を導く前置詞の組合わせ

			用例数
for	role for ～ （❶）	～の役割	6,066
	evidence for ～	～の証拠	3,506
	mechanism for ～	～の機構	2,865
	model for ～	～のモデル	2,628
in	role in ～ （❷）	～における役割	1,885
	function in ～	～における機能	454
	levels in ～	～におけるレベル	381
of	expression of ～	～の発現	29,943
	activation of ～	～の活性化	17,678
	presence of ～	～の存在	16,930
	levels of ～	～のレベル	15,955
	analysis of ～	～の分析	14,290
on	effect on ～ （❸）	～に対する効果	8,007
	impact on ～	～に対する影響	705
	influence on ～	～に対する影響	552
	dependence on ～	～に対する依存性	454
to	response to ～ （❹）	～への応答	2,453
	binding to ～	～への結合	1,228
	addition to ～	～への添加	634
	contrast to ～	～への対比	624
with	patients with ～ （❺）	～の患者	5,192
	subjects with ～	～の対象者	438
	treatment with ～	～による処置	1,379
	infection with ～	～による感染	476

❶ Evidence suggests a role for progesterone in ovarian cancer development. (*Am J Epidemiol. 2005 161:442*)

訳 証拠は，卵巣癌発症におけるプロゲステロンの役割を示唆する

❷ Transcription factors play an important role in regulating gene expression in response to stress and pathogen tolerance. (*Plant Mol Biol. 2005 59:603*)

訳 転写因子は，遺伝子発現を調節する際に重要な役割を果たす

❸ NF-M had no effect on the expression of other dopamine receptor subtypes. (*J Neurosci. 2002 22:5920*)

訳 NF-M は，他のドパミン受容体サブタイプの発現に影響をもたなかった

❹ However, $p14^{ARF}$ expression is not involved in the response to DNA damage. (*EMBO J. 1998 17:5001*)

訳 $p14^{ARF}$ の発現は，DNA 損傷への応答に関与しない

❺ It is unknown whether GAP also can reduce the rate of mortality in patients with AMI. (*J Am Coll Cardiol. 2005 46:1242*)

訳 GAP がまた AMI の患者の死亡率を低下させうるかどうかは知られていない

Ⓑ 現在分詞に導かれる形容詞句

名詞を後ろから修飾する形容詞句には，下のような現在分詞を中心とするものも多く含まれる．

> the genes encoding these proteins
>
> 名詞（genes）　形容詞句（encoding these proteins）
>
> （これらのタンパク質をコードする遺伝子）

現在分詞も修飾される名詞との結び付きが強い．代表的な名詞＋現在分詞の例を以下に示す．

◆名詞＋形容詞句を導く現在分詞の組合わせ

			用例数
containing	protein containing ～	～を含むタンパク質	312
	complex containing ～（❶）	～を含む複合体	274
encoding	gene encoding ～（❷）	～をコードする遺伝子	1,192
	cDNA encoding ～	～をコードする cDNA	259

expressing	cells expressing ～（❸）	～を発現する細胞	2,449
	mice expressing ～	～を発現するマウス	595
including	proteins including ～	～を含むタンパク質	156
	processes including ～	～を含む過程	152
involving	mechanism involving ～	～に関与する機構	332
	pathway involving ～（❹）	～に関与する経路	181
	interactions involving ～	～に関与する相互作用	151
	process involving ～	～に関与する過程	130
lacking	mice lacking ～（❺）	～を欠くマウス	1,073
	cells lacking ～	～を欠く細胞	566
	mutants lacking ～	～を欠く変異体	282
leading	pathway leading ～	～につながる経路	157
	events leading ～	～につながる事象	121
regulating	mechanisms regulating ～	～を調節する機構	198
underlying	mechanisms underlying ～（❻）	～の根底にある機構	901
using	studies using ～（❼）	～を使った研究	724
	analysis using ～	～を使った分析	415
	experiments using ～	～を使った実験	410

第2章

I

❶ The increased TFⅡB binding correlates with VPN2's increased ability to recruit a complex containing TFⅡD, TFⅡA and TFⅡB.（*Nucleic Acids Res. 2004 32:3856*）

訳 増大した TFⅡB 結合は，TFⅡD，TFⅡA および TFⅡB を含む複合体を動員する VPN2 の増大した能力と相関する

❷ Mutations in the genes encoding these proteins cause dysplasia or absence of teeth, sweat glands and hair follicles.（*Development. 2005 132:863*）

訳 これらのタンパク質をコードする遺伝子の変異は，形成異常を引き起こす

❸ Enhanced tyrosine phosphorylation of Stat6, but not IRS-2, induced by hIL-4 was observed in cells expressing mutant Y713F.（*J Immunol. 2001 167:6382*）

訳 ～が，変異体 Y713F を発現する細胞において観察された

❹ TIMP-1 inhibits intrinsic apoptosis by inducing TIMP-1 specific cell survival pathways involving focal adhesion kinase（FAK）.（*Cancer Res. 2005 65:898*）

訳 TIMP-1 は，接着斑キナーゼ（FAK）に関与する TIMP-1 特異的な細胞生存経路を誘導することによって内因性のアポトーシスを抑制する

❺ These changes in ABC transporter gene expression were not observed in mice lacking LXRs. (*J Biol Chem. 2002 277:18793*)

訳 ABC トランスポーター遺伝子発現のこれらの変化は，LXR を欠くマウスにおいては観察されなかった

❻ Although it occurs in many developmental contexts, the mechanisms underlying this process are largely unknown. (*Dev Biol. 2005 279:233*)

訳 この過程の根底にある機構はほとんど知られていない

❼ Previous studies using knock-out mice showed that the hearts of animals lacking one copy of the α 1 or α 2 isoform gene exhibit opposite phenotypes. (*J Biol Chem. 2004 279:54053*)

訳 ノックアウトマウスを使った以前の研究は，～ということを示した

C 過去分詞に導かれる形容詞句

他動詞の過去分詞を中心とする形容詞句も，名詞を後ろから修飾できる．

cells treated with a functional EGS

名詞　　形容詞句

（機能的なEGSで処理された細胞）

代表的な名詞＋過去分詞の例を以下に示す．

◆名詞＋形容詞句を導く過去分詞の組合わせ

		用例数
associated		
factors associated with ～	～と関連する因子	276
changes associated with ～	～と関連する変化	206
genes associated with ～	～と関連する遺伝子	167
expressed		
genes expressed in ～	～において発現する遺伝子	124
protein expressed in ～ (❶)	～において発現するタンパク質	100
induced		
apoptosis induced by ～	～によって誘導されるアポトーシス	470
death induced by ～	～によって誘導される死	150
activation induced by ～	～によって誘導される活性化	131
involved		
genes involved in ～	～に関与する遺伝子	1,032
proteins involved in ～	～に関与するタンパク質	572

mechanisms involved in ～(❷)	～に関与する機構	318
pathways involved in ～	～に関与する経路	198
required		
genes required for ～	～のために必要とされる遺伝子	241
protein required for ～	～のために必要とされるタンパク質	168
treated		
cells treated with ～ (❸)	～によって処理された細胞	543
mice treated with ～	～によって処置されたマウス	449
patients treated with ～	～によって処置された患者	403

❶ The Shf1 **protein expressed in** Escherichia coli can bind with high specificity to the STB sequence *in vitro*. (*Mol Cell Biol. 1998 18:7466*)
訳 大腸菌において発現されたShf1タンパク質は，高い特異性でSTB配列に結合できる

❷ The molecular **mechanisms involved in** HU-mediated regulation of γ-globin expression are currently unclear. (*Blood. 2005 106:3256*)
訳 HUに仲介されるγ-グロビン発現の調節に関与する分子機構は，現在不明である

❸ A reduction of 90% in Rta expression and a reduction of approximately 150-fold in viral growth were observed in **cells treated with** a functional EGS. (*Proc Natl Acad Sci USA. 2004 101:9073*)
訳 ～が，機能的なEGSで処理された細胞において観察された

Ⓓ to不定詞に導かれる形容詞句

to不定詞も名詞を後ろから修飾することがある．

their ability to bind DNA
名詞　形容詞句
(DNAに結合するそれらの能力)

名詞＋to不定詞で使われる代表的な例を以下に示す．

◆名詞＋形容詞句を導くto不定詞の組合わせ

		用例数
ability to ～	～する能力	6,892
ability to bind (❶)	結合する能力	461

ability to inhibit ～	～を抑制する能力	283
ability to induce ～	～を誘導する能力	282
method to ～（❷）	～する方法	986
potential to ～	～する可能性	969
system to ～	～するシステム	948
capacity to ～	～する能力	970

❶ The Id proteins function as dominant negative inhibitors of E-proteins by inhibiting their ability to bind DNA. （*Oncogene. 2001 20:8308*）

訳 Id タンパク質は，DNA に結合するそれらの能力を抑制することによってＥタンパク質のドミナントネガティブ抑制物質として機能する

❷ We have developed a screening method to identify novel CDK substrates. （*Genes Dev. 1998 12:456*）

訳 われわれは，新規の CDK 基質を同定するためのスクリーニング法を開発した

2 副詞句

副詞句は，通常，前置詞に導かれ，動詞，形容詞，副詞，あるいは文全体を修飾する．特に他動詞（過去分詞），自動詞，形容詞を後ろから修飾する副詞句は論文を書くうえできわめて重要である．このような副詞句を使いこなすためには，過去分詞／自動詞／形容詞＋前置詞の組合わせのパターンをよく習得することが重要である．

Ⓐ 他動詞を後ろから修飾する副詞句（過去分詞＋前置詞）

他動詞を修飾する副詞句は，前置詞によって導かれる．通常，動詞より後ろに置かれるが，動詞の直後とは限らない．論文では，受動態の用例が非常に多いので，ここでは過去分詞の直後に置かれる副詞句を例として取り上げる．

PBP is involved in the regulation of CAR function

S　V　副詞句

（PBPは，CARの機構の調節に関与する）

どの前置詞が使われるかは，修飾される動詞と密接に関連する．以下に過去分詞＋前置詞の代表例を示す．

◆過去分詞＋副詞句を導く前置詞の組合わせ

			用例数
by	induced by ～	～によって誘導される	2,680
	mediated by ～	～によって仲介される	2,233
	determined by ～	～によって決定される	1,676
for	required for ～	～のために必要とされる	14,773
	used for ～	～のために使われる	1,744
	needed for ～	～のために必要とされる	621
from	derived from ～（❶）	～に由来する	4,053
	isolated from ～	～から単離される	2,286
	obtained from ～	～から得られる	1,738
in	involved in ～（❷）	～に関与する	1,427
	implicated in ～	～に関与する	469
	located in ～	～に位置する	225
on	expressed on ～	～において発現される	965
	performed on ～	～において行われる	804
	located on ～	～に位置する	714
to	related to ～	～と関連する	877
with	associated with ～（❸）	～と結合した	8,380
	correlated with ～	～と相関した	1,577

❶ Unexpectedly, dI4 neurons are **derived from** cells expressing low levels or no Mash1, and this population increases in the Mash1 mutant. (*Development. 2005 132:2709*)

訳 dI4 ニューロンは，低レベルの Mash1 を発現する，あるいは全く発現しない細胞に由来する

❷ We also show that PBP interacts with the C-terminal portion of CAR, suggesting that PBP is **involved in** the regulation of CAR function.

(*Proc Natl Acad Sci USA. 2005 102:12531*)

訳 PBP は，CAR の機構の調節に関与する

❸ Vancomycin resistance is **associated with** increased mortality in patients with neutropenia, possibly because of prolonged duration of bacteremia. (*J Infect Dis. 2005 191:588*)

訳 バンコマイシン耐性は，好中球減少症の患者の増大した死亡率と関係がある

Ⓑ 自動詞を後ろから修飾する副詞句（自動詞＋前置詞）

自動詞を修飾する副詞句は前置詞によって導かれ，動詞の直後に置かれる．下のような SV の文型で用いられる．

p300-mediated acetylation results in increased Myc turnover

acetylation = S, results = V, in increased Myc turnover = 副詞句

（p300に仲介されるアセチル化は，増大したMycの代謝回転という結果になる）

このパターンについては，第 1 章- I で詳しく述べたので，以下には代表的な例のみを示す．

◆自動詞＋副詞句を導く前置詞の組合わせ

			用例数
as	serve as ～	～として役立つ	1,916
in	results in ～ (❶)	～という結果になる	7,349
	participate in ～	～に関与する	1,504
on	depends on ～	～に依存する	2,095
to	contribute to ～ (❷)	～に寄与する	6,358
	leads to ～	～につながる	4,830
	failed to ～	～することができなかった	3,224
	binds to ～	～に結合する	3,222
with	interact with ～	～と相互作用する	3,254

❶ Whereas p300 and CBP can stabilize Myc independently of acetylation, p300-mediated acetylation **results in** increased Myc turnover. (*Mol Cell Biol. 2005 25:10220*)

訳 p300 に仲介されるアセチル化は，増大した Myc の代謝回転という結果になる

❷ Histone modifications may contribute to the pathogenesis of prefrontal dysfunction in schizophrenia. (*Arch Gen Psychiatry. 2005 62:829*)
訳 ヒストンの修飾は，前頭前野の機能障害の病因に寄与するかもしれない

C 形容詞を後ろから修飾する副詞句（形容詞＋前置詞）

下に示すように，前置詞に導かれる副詞句は形容詞を後ろから修飾することがある．SVC の文型などで用いられる．

our models are consistent with previous studies

形容詞　副詞句

（われわれのモデルは，以前の研究と一致する）

どの前置詞が使われるかは，修飾される形容詞と密接に関連する．以下に形容詞＋前置詞の代表例を示す．

◆形容詞＋副詞句を導く前置詞の組合わせ

			用例数
against	active against ～	～に対して活性のある	124
	protective against ～	～に対して保護的な	122
	effective against ～	～に対して効果的な	119
among	common among ～	～の間でよくある	149
	unique among ～	～の間でユニークな	134
	similar among ～	～の間で類似している	89
at	present at ～	～において存在する	711
	available at ～	～において利用できる	298
	effective at ～	～において効果的な	209
between	different between ～	～の間で異なる	309
	similar between ～	～の間で類似している	205
by	unaffected by ～	～によって影響されない	920
for	responsible for ～（❶）	～に責任のある	6,215
	essential for ～	～にとって必須の	5,914
	important for ～	～にとって重要な	3,758
	necessary for ～	～にとって必要な	3,407
	critical for ～	～にとって決定的に重要な	2,728
	sufficient for ～	～のために十分な	1,704
	useful for ～	～のために有用な	1,071

	crucial for ～	～にとって決定的に重要な	741
from	distinct from ～（❷）	～と別個の/～と明らかに異なる	1,259
	different from ～	～と異なる	1,020
	indistinguishable from ～	～と区別できない	407
in	deficient in ～	～を欠損した	181
	defective in ～	～に欠陥がある	135
	present in ～	～のなかに存在する	792
	important in ～	～において重要な	234
	similar in ～	～において類似している	188
of	independent of ～（❸）	～に依存しない	3,935
	capable of ～	～できる	3,666
on	dependent on ～	～に依存する	4,784
	present on ～	～において存在する	510
	available on ～	～において役に立つ	213
to	due to ～	～のせいで（～に帰すべき）	8,564
	similar to ～（❹）	～に類似している	8,311
	relative to ～	～に比べて	4,092
	sensitive to ～	～に敏感な	2,751
	resistant to ～	～に抵抗性の	2,180
with	consistent with ～（❺）	～と一致した	10,971
	coincident with ～	～と一致した	401
	concomitant with ～	～と同時に	331
	compatible with ～	～に適合する	470
	comparable with ～	～に匹敵する	378

❶ Conserved region II of HNF3β（amino acids 361-388）is **responsible for** the interaction with TLE1.（*J Biol Chem. 2000 275:18418*）

訳 HNF3βの保存領域II（アミノ酸 361-388）は，TLE1 との相互作用に責任がある

❷ These data suggest that the function of Myo15 is **distinct from** that of Myo6, Myo7a or pi in development and/or maintenance of stereocilia.（*Hum Mol Genet. 2003 12:2797*）

訳 Myo15 の機能は，Myo6，Myo7a あるいは pi のそれとは明らかに異なる

❸ Unlike intracellular Aβ, extracellular Aβ toxicity is **independent of** p53 and Bax activity.（*J Neurosci. 2003 23:7385*）

訳 細胞外 Aβ 毒性は，p53 および Bax の活性に依存しない

❹ Although the overall structure is **similar to** other Bcl-2 family members, there are important structural differences.（*J Mol Biol. 2003 332:1123*）

訳 全体の構造は他の Bcl-2 ファミリーメンバーに類似しているけれども

❺ Our models are consistent with previous studies, predicting a decrease in affinity of Gα_i in the presence of Gα_s. (*J Biol Chem. 2005 280:1808*)

訳 われわれのモデルは，以前の研究と一致する

D 文全体を修飾する副詞句

文全体を修飾する副詞句は，文頭に置かれることが多い.

In this study, ______ ～ ______

副詞句　　文全体

（この研究において，～）

前置詞に導かれることが多いが，現在分詞や過去分詞を中心とするものもある.

a）前置詞に導かれる副詞句

◆前置詞に導かれて文全体を修飾する副詞句

			用例数
In	In this study（❶）	この研究において	6,826
	In this report	この報告において	1,462
	In this paper	この論文において	860
	In the present study	現在の研究において	2,043
	In the absence of ～	～の非存在下において	925
	In the presence of ～	～の存在下において	721
	In the current study	現在の研究において	386
	In the case of ～	～のケースにおいて	269
By	By using ～（❷）	～を使うことによって	1,010
	By comparing ～	～を比較することによって	151
	By comparison	比較によって	117
With	With the use of ～	～の使用によって	114
	With the exception of ～	～を除いて	113
At	At the same time	同時に	146
	At the end of ～	～の終わりに	85
For	For the first time	初めて	87
	For this purpose	この目的のために	71
From	From these results	これらの結果から	61

❶ In this study, we show that ROS production in HCs involves a flavin-containing oxidase dependent on Ca^{2+}, but not on GTP-Rac1 or protein kinase C. (*J Immunol. 2005 175:8424*)
訳 この研究において

❷ By using screening techniques based on these results, Mos1 mutagenicity was increased to within an order of magnitude of chemical mutagens. (*Genetics. 2005 169:1779*)
訳 これらの結果に基づくスクリーニング技術を使うことによって

b）現在分詞に導かれる副詞句

現在分詞や過去分詞に導かれる句は，分詞構文とも呼ばれる．分詞構文については第2章-Ⅲで詳しく述べる．

◆現在分詞に導かれて文全体を修飾する副詞句

		用例数
Using ～（❶）	～を使って	9,375

❶ Using a series of Pot1 truncation mutants, we have defined distinct areas of the protein required for chromosome stability and for limiting access to telomere ends by telomerase. (*Mol Cell Biol. 2005 25:5567*)
訳 一連の Pot1 切断変異体を使って

c）過去分詞に導かれる副詞句

◆過去分詞に導かれて文全体を修飾する副詞句

		用例数
Given ～（❶）	～を考えれば/～を考慮に入れて	980

❶ Given the importance of its biological role, it has been proposed that inhibiting M.tuberculosis dUTPase might be an effective means to treat tuberculosis infection in humans. (*J Mol Biol. 2004 341:503*)
訳 それの生物学的役割の重要性を考慮に入れて

d）to 不定詞に導かれる副詞句

「～するために」という目的を意味する to 不定詞は，副詞句の用法である．文頭の to 不定詞は，ほとんどその代表例である．

◆ to 不定詞に導かれて文全体を修飾する副詞句

		用例数
To determine ～	～を決定するために	2,931
To investigate ～（❶）	～を精査するために	1,993
To test ～	～をテストするために	1,836
To identify ～（❷）	～を同定するために	1,144
To examine ～	～を調べるために	998
To understand ～	～を理解するために	992
To address ～	～に取り組むために	975
To study ～	～を研究するために	780
To assess ～	～を評価するために	662
To evaluate ～	～を評価するために	574
To explore ～	～を探索するために	515
To elucidate ～	～を解明するために	450
To gain ～	～を得るために	398

❶ **To investigate** the role of PEX12 in plants, we identified a T-DNA knockout allele of PEX12 and generated partial loss-of-function pex12 mutants using RNA interference. (*Plant Physiol. 2005 139:231*)
訳 植物における PEX12 の役割を精査するために

❷ **To identify** genes required for the degradation of this protein, A1PiZ degradation-deficient (add) yeast mutants were isolated. (*Mol Biol Cell. 2006 17:203*)
訳 このタンパク質の分解のために必要とされる遺伝子を同定するために

3 名詞句

名詞句は，語の集まりで名詞に相当する働きをする．不定詞や動名詞を中心としたものも多い．これらは，文の主語，補語，目的語になる．

Ⓐ to 不定詞に導かれる名詞句

to 不定詞句は，主語，補語，目的語などとして用いられる．be 動詞＋ to 不定詞は，補語となる名詞句の用例が特に多い．to 不定詞は副詞句や形容詞句としても用いられるのでその使い分けが重要である．

the purpose of this study was to determine ～

S　V　C（名詞句）

（この研究の目的は，～を決定することであった）

以下，その例を示す．

◆ be 動詞＋名詞句を導く to 不定詞の組合わせ

		用例数
… was to determine ～（❶）	…は，～を決定することであった	995
… was to examine ～	…は，～を調べることであった	294
… was to evaluate ～	…は，～を評価することであった	280
… was to investigate ～	…は，～を精査することであった	271
… was to assess ～	…は，～を評価することであった	171

❶ The purpose of this study **was to determine** the role of matrix metalloproteinases（MMP）in Pseudomonas aeruginosa keratitis.（*Invest Ophthalmol Vis Sci. 2006 47:256*）

訳 この研究の目的は，マトリックスメタロプロテアーゼ（MMP）の役割を決定することであった

B 動名詞に導かれる名詞句

動名詞は，動名詞句の中心となる．そして，前置詞に導かれる副詞句の中心的な要素となったり，主語として使われたりする．以下のようなものがよく用いられるが，現在分詞との区別が難しい場合もある．動名詞については，第1章-Vで詳しく述べたので，以下には代表的な例のみを示す．

◆名詞句を導く動名詞

		用例数
regulating ～（❶）	～を調節すること	4,557
testing ～	～をテストすること	2,606
blocking ～	～をブロックすること	2,546
determining ～	～を決定すること	2,339
controlling ～	～を制御すること	2,322

inhibiting ～（❷）	～を抑制すること	2,255
reducing ～（❸）	～を低下させること	2,210
mediating ～	～を仲介すること	2,154
affecting ～（❹）	～に影響すること	2,072

第2章

❶ IκB proteins play an important role in regulating NF-κB induction following a diverse range of environmental injuries. (*J Clin Invest. 2004 113:746*)

訳 IκB タンパク質は，NF-κB 誘導を調節する際に重要な役割を果たす

❷ Inhibiting the expression of these latent genes should lead to eradication of herpesvirus infection. (*J Clin Invest. 2005 115:642*)

訳 これらの潜伏遺伝子の発現を抑制することは，ヘルペスウイルス感染症の根絶につながるはずだ

❸ Anti-estrogens such as tamoxifen inhibit the growth of ER-positive breast cancers by reducing the expression of estrogen-regulated genes. (*J Biol Chem. 2001 276:9817*)

訳 エストロゲンに調節される遺伝子の発現を低下させることによって

I

❹ Substitution of fXa at position 347 selectively attenuates the interaction between fXa and fVa without affecting its catalytic activity. (*Biochemistry. 2000 39:2861*)

訳 それの触媒活性に影響を与えることなしに

Ⅱ. 節の種類と用法

節には等位節，主節，従位節の3つがある．等位節は重文をつくるために用いられ，主節と従位節の組合わせは複文を書くために用いられる．従位節は接続詞や関係詞に導かれ，長い複文を書くためには特に重要である．

1 等位節

等位節とは，下のように等位接続詞によってつながれる複数の文の各々のことを言う．

＿＿＿～＿＿＿, and ＿＿＿～＿＿＿
等位節　　　　　　等位節

（～，および～）

等位接続詞には，以下のようなものがあり，2つの文をつなぐ働きをする．

◆代表的な等位接続詞

		用例数
and（❶）	そして	917,097
or	あるいは	123,272
but（❷）	しかし	67,204
yet	しかし/けれども	4,197

❶ TEL2 is expressed in the hematopoietic system, and its expression is up-regulated in bone marrow samples of some patients with leukemia, suggesting a role in oncogenesis. (*Blood. 2006 107:1124*)

訳 そして，それの発現は白血病の幾人かの患者の骨髄サンプルにおいて上方制御される

❷ Endothelial cells can protect cardiomyocytes from injury, **but** the mechanism of this protection is incompletely described. (*J Clin Invest. 2006 116:237*)
訳 しかし，この保護の機構は不完全に述べられている

2　主節および従位節

主節は文の中心となるもので，それに対して従位節は，副詞節，名詞節，形容詞節のいずれかの形で用いられる．副詞節および名詞節は，接続詞に導かれることが多い．接続詞については，第1章-Ⅸで詳しく述べてあるので参照していただきたい．

Ⓐ 副詞節

副詞節は，時・理由・譲歩・条件などを表す従位接続詞によって導かれ，下に示すようなパターンで主節を修飾する．

Although it appears not to be random,
従位節（副詞節）
the principles of this organization are largely unknown.
主節
（それはランダムではないようであるけれども，
この組織化の原理はほとんど知られていない）

In α2i TG mice basal α2 activity was barely detectable,
主節
whereas basal α1 activity was only partially reduced.
従位節（副詞節）
（α2i TGマウスにおいてα2の基礎活性はほとんど検出されなかった，
だが一方，α1の基礎活性は部分的にのみ低下した）

論文でよく用いられる従位接続詞には以下のようなものがある．

◆副詞節を導く従位接続詞

		用例数
although ～（❶）	～だけれども	18,485
though ～	～だけれども	1,550
while ～	だが一方～/～だけれども	12,692
whereas ～（❷）	だが一方～	17,426
after ～	～のあとで	39,822
before ～（❸）	～の前に	7,681
when ～	～のとき	28,301
if ～	もし～なら	6,835
because ～	～なので	14,543
since ～	～なので/～以来	4,762
as ～	～なので/～につれて/～であるように	128,418

❶ Although it appears not to be random, the principles of this organization are largely unknown. (*Mol Cell Biol. 2005 25:8379*)
訳 それはランダムではないようであるけれども

❷ In α2i TG mice basal α2 activity was barely detectable, whereas basal α1 activity was only partially reduced. (*J Biol Chem. 2005 280:39033*)
訳 だが一方，α1 の基礎活性は部分的にのみ低下した

❸ To show how suggested changes that emerge from such analyses should be tested to learn whether they actually improve validity before they are implemented. (*Arch Gen Psychiatry. 2004 61:1188*)
訳 それらが実行される前に

よく使われる副詞節のパターンについては，第3章-Ⅱで詳しく述べる．

B 形容詞節

形容詞節は名詞を修飾するもので，句の中心となる主題（名詞）を同じ文中で詳しく説明するときに用いられる．

The mechanism by which this occurs remains poorly understood.

名詞　　形容詞節

（これが起こる機構は，あまり理解されていないままである）

第2章

形容詞節は，以下のような関係代名詞，関係副詞，接続詞によって導かれる．

◆形容詞節を導く接続詞および関係詞

			用例数
関係代名詞	… that ～（❶）	～である…	371,255
	… which ～	～である…	73,217
	… in which ～	～である…	11,126
	… by which ～（❷）	～である…	4,158
	… of which ～	～である…	4,099
	… who ～	～である…	9,552
	… whose ～	～である…	3,918
関係副詞	… where ～（❸）	～である…	7,883
	… whereby ～	～である…	966
接続詞	… before ～	～である前の…	7,681
	… after ～	～である後の…	39,822

II

❶ UMP synthase, the bifunctional protein that catalyzes the last two steps in the pathway, was also found in both the cytoplasm and nucleus. (*J Biol Chem. 2005 280:25611*)
訳 その経路の最後の２つのステップを触媒する二機能性タンパク質

❷ The mechanism by which this occurs remains poorly understood. (*J Immunol. 2005 174:5921*)
訳 これが起こる機構は，あまり理解されていないままである

❸ Moreover, under conditions where high-level activation of RAF induced G_1 cell cycle arrest, activation of AKT bypassed the arrest and promoted S-phase progression. (*Mol Cell Biol. 2004 24:10868*)
訳 RAF の高いレベルの活性化が G_1 細胞周期停止を誘導する条件下において

Ⓒ 名詞節

名詞節は名詞のように文の主語・補語・目的語として，あるいは同格語として用いられる．論文では，下のような他動詞の目的語となることが多い．なお，同格の that 節の詳しい用法については次節で説明する．

these data suggest that the TIM−1−TIM−4 interaction ～

suggest：動詞　that the TIM−1−TIM−4 interaction ～：名詞節

（これらのデータは，TIM-1-TIM-4 相互作用が～するということを示唆する）

名詞節は以下に示すような従位接続詞などによって導かれる．

◆名詞節を導く接続詞および関係詞

		用例数
that ～	～ということ	371,255
suggest that ～（❶）	～ということを示唆する	24,786
show that ～	～ということを示す	23,059
whether ～	～かどうか	13,292
determine whether ～（❷）	～かどうかを決定する	3,308
if ～	～かどうか	6,835
what ～	何が～か	1,465
where ～	どこで～か	7,883
how ～（❸）	どのように～か	7,095
why ～	なぜ～か	874

❶ These data **suggest that** the TIM-1-TIM-4 interaction is involved in regulating T cell proliferation. (*Nat Immunol. 2005 6:455*)

訳 これらのデータは，TIM-1-TIM- 4 相互作用が T 細胞増殖を調節するのに関与しているということを示唆する

❷ Run-on transcription assays and transient transfection experiments were performed to **determine whether** the effects of IL-4 occur at the level of transcription. (*Arthritis Rheum. 1998 41:1398*)

訳 IL-4 の影響が転写のレベルで起こるかどうかを決定するために

❸ It is therefore important to understand **how** their surface density is controlled. (*Curr Opin Neurobiol. 2002 12:287*)

訳 どのようにそれらの表面密度が制御されるかを理解することは，それゆえ重要である

3 同格の that 節の用法

同格の that 節（名詞節）は，下のように先行する名詞の内容を説明するために使われる．

evidence that p38 mitogen-activated protein kinase is required for this process

名詞: evidence　that節: that p38 mitogen-activated protein kinase is required for this process

（p38マイトジェン活性化プロテインキナーゼがこの過程に必要とされるという証拠）

同格の that 節を伴う名詞としては evidence，hypothesis，possibility，fact，observation，idea，notion などがあり，主に「事実内容」「仮定内容」「主張内容」を示すために用いられる．ここに示す名詞のうち，evidence だけが無冠詞で用いられ，他は定冠詞 the を伴うことが多い．

◆同格の that 節を用いた代表的な表現

		用例数
evidence that ～	～という証拠	4,907
the hypothesis that ～	～という仮説	3,733
the possibility that ～	～という可能性	1,449
the fact that ～	～という事実	1,047
the observation that ～	～という観察	504
the idea that ～	～という考え	608
the notion that ～	～という考え	529
the view that ～	～という見解	320

Ⓐ evidence

evidence は通常無冠詞で用いられ，evidence that の前に使われる動詞としては，provide または present が多い．また，there is evidence that のパターンでも用いられる．

◆ evidence that を用いた表現

		用例数
provide evidence that ～（❶）	～という証拠を提供する	1,225
present evidence that ～	～という証拠を示す	476
there is evidence that ～（❷）	～という証拠がある	109

❶ Here, we provide evidence that p38 mitogen-activated protein kinase (MAPK) is required for this process. (*Blood. 2005 106:2059*)
訳 われわれは，～という証拠を提供する

❷ There is evidence that p53 is activated in response to WR1065. (*Oncogene. 2005 24:3964*)
訳 ～という証拠がある

B hypothesis

the hypothesis that の前に用いられる動詞としては，support や test が多い．また，consistent with や lead to（led to）もよく用いられる．

◆ the hypothesis that を用いた表現

		用例数
support the hypothesis that ～	～という仮説を支持する	819
tested the hypothesis that ～（❶）	～という仮説をテストした	800
consistent with the hypothesis that ～	～という仮説と一致する	365
led to the hypothesis that ～	～という仮説につながった	67

❶ We tested the hypothesis that hemorrhage into carotid atheroma stimulates plaque progression. (*Circulation. 2005 Ma111:2768*)
訳 われわれは，～という仮説をテストした

C idea/notion/view

the idea that/the notion that/the view that の前に用いられる動詞としては，support の場合が多い．また，consistent with もよく用いられる．

◆ the idea that / the notion that / the view that を用いた表現

		用例数
support the idea that ～	～という考えを支持する	183
consistent with the idea that ～（❶）	～という考えと一致する	143
support the notion that ～（❷）	～という考えを支持する	174

consistent with the notion that ～	～という考えと一致する	99
support the view that ～ (❸)	～という見解を支持する	133
consistent with the view that ～	～という見解と一致する	56

❶ These results are **consistent with the idea that** the CEm plays an active role in fear conditioning. (*J Neurosci. 2005 25:1847*)
訳 これらの結果は，～という考えと一致する

❷ These results **support the notion that** T cells in the graft affect NK cell reconstitution *in vivo*. (*Blood. 2005 106:4370*)
訳 これらの結果は，～という考えを支持する

❸ These results **support the view that** downregulation of DPPIV is an important early event in the pathogenesis of melanoma. (*J Exp Med. 1999 190:311*)
訳 これらの結果は，～という見解を支持する

D observation

supported by the observation that の用例が多い．

◆ the observation that を用いた表現

		用例数
by the observation that ～ (❶)	～という観察によって	135

❶ This is supported **by the observation that** thrombin-induced rounding is also blocked by the myosin light chain kinase inhibitor KT5926. (*J Biol Chem. 1998 273:10099*)
訳 これは，～という観察によって支持される

E fact

despite the fact that や過去分詞＋by the fact that の用例が多い．

◆ the fact that を用いた表現

		用例数
despite the fact that ～ (❶)	～という事実にもかかわらず	240
by the fact that ～	～という事実によって	146

❶ **Despite the fact that** hundreds of deletions have been characterized at the molecular level, their mechanisms of genesis are unknown. (*Hum Mol Genet. 2005 14:893*)

訳 ～という事実にもかかわらず

F possibility

the possibility that の前に用いられる動詞としては，raise の場合が多い．raise the possibility that で「～という可能性を示唆する」という意味になる．

◆ the possibility that を用いた表現

		用例数
raise the possibility that ～（❶）	～という可能性を示唆する	298

❶ These findings **raise the possibility that** PI3K may function as an upstream regulator of Tie2 expression during mouse development.（*Blood. 2005 105:3935*）

訳 それらの知見は，～という可能性を示唆する

4 前置詞＋ which の用法

前置詞＋ which は日本人には取っつきにくい表現法だが，2 語で関係副詞のような働きをし，形容詞節をつくるために用いられることが多い．特に mechanism(s) by which は論文で非常によく用いられるので，ぜひ，使いこなしたいものである．前置詞＋ which のなかでは，in which，by which，of which の用例が多い．また，which 単独の場合と違って前にカンマは入らないことが多いが，of which には先行詞の前にカンマが入る．

A in which の用法

in which は，先行詞を修飾する形容詞節をつくるために用いられる．関係副詞 where と置き換えて使うことができ，先行詞はその形容詞節の主要な構成要素（主語や目的語）にはならない．where の場合には前にカンマが入る非制限用法もかなり多いが，in which の場合には通常カンマは入らない．model in which の用例が特に多い．先行詞が cell や mice などの場合にはカンマが入ることもある．

◆ in which を用いた表現

		用例数
… in which ～	～である…	11,125
a model in which ～	～であるモデル	1,001
support a model in which ～（❶）	～であるモデルを支持する	307
propose a model in which ～	～であるモデルを提案する	119
suggest a model in which ～	～であるモデルを示唆する	118
consistent with a model in which ～	～であるモデルと一致する	192
mechanism in which ～	～である機構	254
mice in which ～	～であるマウス	238
mice, in which ～（❷）	マウス，（そして）そこでは～である	61
cells in which ～（❸）	～である細胞	189
cells, in which ～	細胞，（そして）そこでは～である	48
system in which ～	～であるシステム	185
conditions in which ～	～である状態	168
under conditions in which ～	～である状態下で	105
studies in which ～	～である研究	105
experiments in which ～	～である実験	102
process in which ～	～である過程	88
mutants in which ～	～である変異	86
way in which ～	～である方法	84

❶ These results **support a model in which** DNA-PKcs plays a central role in regulating the processing of ends for NHEJ.（*EMBO J. 2005 24:849*）

訳 これらの結果は，DNA-PKcs が中心的な役割を果たすモデルを支持する

❷ To analyze the lineage of Cre expressing cells, we used CAG-CAT-Z transgenic **mice, in which** expression of lacZ is activated only after Cre-mediated recombination.（*Dev Biol. 2001 230:230*）

訳 われわれは CAG-CAT-Z トランスジェニックマウス，それにおいて lacZ の発現が Cre に仲介される組換えのあとのみに活性化される，を使用した

❸ In **cells in which** RXRα is the VDR partner, the transcriptional activation of VDR by 1,25-D is attenuated by the concomitant activation of ERK.（*J Biol Chem. 2004 279:47298*）

訳 RXRαが VDR のパートナーである細胞において，1,25-D による VDR の転写活性化は～によって減弱される

Ⓑ by which の用法

by which も形容詞節をつくるために使われ，関係副詞 whereby と置き換えて使うことができるが，by which が使われる頻度の方が高い．特に，mechanism(s) by which の用例は非常に多い．

◆ by which を用いた表現

		用例数
… by which ～	～である…	4,158
mechanism by which ～	～である機構	2,165
the mechanism by which ～	～である機構	1,034
insight into the mechanism by which ～	～である機構への洞察	30
investigated the mechanism by which ～（❶）	～である機構を精査した	39
a mechanism by which ～	～である機構	301
suggest a mechanism by which ～（❷）	～である機構を示唆する	44
a novel mechanism by which ～	～である新規の機構	135
the molecular mechanism by which ～	～である分子機構	81
one mechanism by which ～	～である１つの機構	98
an important mechanism by which ～	～である重要な機構	39
means by which ～（❸）	～である方法	118
pathway by which ～	～である経路	106
process by which ～	～である過程	101

❶ In this study, we **investigated the mechanisms by which** Erbin regulates the Ras-Raf-MEK pathway.（*J Biol Chem. 2006 281:927*）
訳 われわれは，Erbin が Ras-Raf-MEK 経路を調節する機構を精査した

❷ These results **suggest a mechanism by which** statins inhibit the actions of Rho GTPases and attenuate Aβ-stimulated inflammation.（*J Biol Chem. 2005 280:34202*）
訳 これらの結果は，スタチンが Rho GTP 加水分解酵素の作用を抑制する機構を示唆する

❸ The **means by which** calcium is transported into the milk produced by mammary glands is a poorly understood process.（*J Biol Chem. 2004 279:42369*）
訳 乳腺によって産生されるミルクにカルシウムが輸送される方法は，あまり理解されていない過程である

Ⓒ of which の用法

of which の場合は，通常，先行詞の前にカンマが入る非制限用法として使われ，説明を付加する役割を果たす．

◆ of which を用いた表現

		用例数
of which ～	それらの～	4,099
, both of which ～（❶）	（そして）それらの両方が～	462
, all of which ～	（そして）それらのすべてが～	334
, one of which ～	（そして）それらの 1 つが～	308
, some of which ～	（そして）それらのいくつかが～	263
, each of which ～	（そして）それらのおのおのが～	262
, many of which ～	（そして）それらの多くが～	194
, most of which ～	（そして）それらのほとんどが～	126
, two of which ～	（そして）それらの 2 つが～	100
, the expression of which ～（❷）	（そして）それらの発現が～	44

❶ The three-dimensional structure of this fragment comprises two side-by-side four-helix bundles, **both of which** are required for afadin binding. （*J Biol Chem. 2002 277:18868*）
訳 （そして）それらの両方がアファディン結合のために必要とされる

❷ Kruppel-like factor 4 （KLF4） is an epithelially enriched, zinc finger-containing transcription factor, **the expression of which** is associated with growth arrest. （*Oncogene. 2003 22:3424*）
訳 （そして）その発現は増殖停止と関連する

Ⓓ to which の用法

to which は，extent とともに用いて，程度を示す the extent to which の用例が多い．

◆ to which を用いた表現

		用例数
… to which ～	～である…	1,022
the extent to which ～	～である程度	392
determine the extent to which ～（❶）	～である程度を決定する	42
the degree to which ～	～である程度	134

❶ To determine the extent to which the circadian clock controls transcription in Arabidopsis, we used *in vivo* enhancer trapping. (*Plant Physiol. 2003 132:629*)

訳 概日時計が転写を制御する程度を決定するために

Ⓔ at which の用法

at which は，the rate at which などの用例が多い．

◆ at which を用いた表現

		用例数
… at which ～	～である…	827
the rate at which ～（❶）	～である速度	116
the time at which ～	～である時間	37
point at which ～	～であるポイント	34

❶ Mutations in the destruction signal sequences resulted in changes in the rate at which E3α conjugates ubiquitin to the altered 3C protease proteins. (*J Biol Chem. 2001 276:39629*)

訳 ～は，E3αがユビキチンを改変された3Cプロテアーゼタンパク質へ結合する速度の変化という結果になった

Ⓕ with which の用法

with which は，with which to *do* の用例が多い．

◆ with which を用いた表現

		用例数
… with which ～	～である…	473
… with which to ～	～する…	119
… with which to study ～（❶）	～を研究する…	31
efficiency with which ～（❷）	～である効率	52

❶ The ru920 line therefore provides an animal model with which to study the role of classⅥ myosin proteins in mechanotransduction. (*Proc Natl Acad Sci USA. 2004 101:13056*)

訳 …は，～におけるクラスⅥのミオシンタンパク質の役割を研究する動物モデルを提供する

❷ This change affects the efficiency with which exon 7 is incorporated into the mRNA transcript. (*Hum Mol Genet. 2001 10:2841*)

訳 この変化は，エクソン 7 がそのメッセンジャー RNA 転写物に組み入れられる効率に影響を与える

G through which の用法

through which は，mechanism(s) through which などの用例が多い．

◆ through which を用いた表現

		用例数
… through which ～	～である…	434
mechanism through which ～（❶）	～である機構	109

❶ The **mechanism through which** TGF-β/Smad3 inhibits Runx2 function has not been characterized. (*EMBO J. 2005 24:2543*)

訳 TGF-β/Smad3 が Runx2 機能を抑制する機構は特徴づけられていない

H その他の前置詞＋ which のパターン

for which，from which なども論文でよく用いられる．

◆前置詞＋ which を用いるその他のパターン

		用例数
… for which ～（❶）	～である…	952
… from which ～	～である…	555
… on which ～	～である…	245
… during which ～	～である…	230

❶ Affymetrix Genechips identified 46 genes **for which** expression was increased in MKK7-JNK-expressing cells relative to vector control cells. (*J Biol Chem. 2002 277:47167*)

訳 ～は，MKK7-JNK 発現細胞においてその発現が増大した 46 遺伝子を同定した

第2章

II

Ⅲ．分詞構文の用法

分詞構文は論文においてもしばしば用いられ，節とともに長い文を書くための重要な手段である．分詞構文では，分詞に導かれる副詞句が従位節と同じような働きをして，文全体を修飾する．現在分詞を中心とするものが多いが，過去分詞を用いてつくることもできる．

1 現在分詞を中心とする分詞構文

分詞構文をつくる副詞句は，主節の前に置かれるものと後に置かれるものとがあり，それぞれ使い方が異なる．

Ⓐ 主節より前に置かれる分詞構文

主節より前に置かれる場合は，前から主節全体を修飾する．原因，理由，条件，方法などを表すことが多い．

Using this model, ～

分詞構文　主節

（このモデルを使って，～）

代表的な例を以下に示す．

◆分詞構文を導く現在分詞（主節より前）

		用例数
Using ～,	～を使って，	7,617
Using ～, we …	～を使って，われわれは…する	4,378
Using ～, we show …（❶）	～を使って，われわれは…を示す	683
Using ～, we found …	～を使って，われわれは…をみつけた	540
Using ～, we demonstrate …	～を使って，われわれは…を実証する	350
Assuming ～	～を仮定して	81

Taking advantage of ～（❷）	～を利用して	45

❶ Using this model, we show that Notch suppresses p53 in lymphomagenesis through repression of the ARF–mdm2–p53 tumor surveillance network.（*Cancer Res. 2005 65:7159*）
訳 このモデルを使って，われわれは～ということを示す

❷ Taking advantage of the K165C/K165 heterodimer, we further explore the oxidation effect in ClC-0 by methane thiosulfonate（MTS）modifications.（*Biophys J. 2005 88:3936*）
訳 K165C/K165 ヘテロダイマーを利用して

B 主節より後に置かれる分詞構文

下の例のように結果を示す場合が多く，論文で非常によく用いられる．また，前述の原因，理由，条件などを表す用法の場合も，主節の前だけでなく後に置かれる場合がある．

～, suggesting that IKK β is a target of SGK.

主節　　分詞構文

〔そして，（それは）IKK β がSGKの標的であることを示唆している〕

結果を示す用法の代表的な例を以下に示す．

◆分詞構文を導く現在分詞（主節より後）

		用例数
, suggesting ～（❶）	そして，（それは）～を示唆している	14,467
, indicating ～	そして，（それは）～を示している	8,023
, resulting in ～（❷）	そして，（それは）～という結果になる	2,716
, leading to ～	そして，（それは）～につながる	1,887
, demonstrating ～	そして，（それは）～を実証している	1,560

❶ Expression of dominant-negative IKK β K44A, I κ B α AA, and kinase-dead SGK（127KM）blocked the ability of SGK to stimulate NF-κB activity, suggesting that IKK β is a target of SGK.（*Cancer Res. 2005 65:457*）
訳 そして，（それは）IKK β が SGK の標的であることを示唆している

❷ This defect is due to impaired constitutive expression and activation of ATM (ataxia telangiectasia mutated), resulting in impaired stabilization of p53. (*Ann Neurol. 2005 58:577*)

訳 そして，（それは）p53 の安定化の障害という結果になる

2 過去分詞を中心とする分詞構文

過去分詞を中心とする分詞構文が用いられることはあまり多くはない．以下に1つだけ例を示す．

◆分詞構文を導く過去分詞

		用例数
Given ～（❶）	～を考慮に入れれば	870

❶ Given the prominent role of FOS in inflammation and calcification, its association with atherosclerosis severity has clear pathophysiologic bases as well as clinical implications as a marker. (*Proc Natl Acad Sci USA. 2005 102:3423*)

訳 炎症と石灰化における FOS の顕著な役割を考慮に入れれば

Ⅳ. 複数の句や節の組合わせ

句や節はいくつも重複して使用することができる．論文らしい複雑な構成の文を書くためには非常に大切なものである．以下に代表的な句や節の組合わせのパターンを示す．

1 句と句の組合わせ

科学論文では，句は，1つの文に複数使われるのが普通である．しかも句の中に句をつくることができるので，その組み立てを上手に行うことができるようになると，論文執筆が大いに易しくなる．

Ⓐ 副詞句の中の形容詞句

副詞句は動詞を後ろから修飾するが，その副詞句の中の名詞は後ろから形容詞句によって修飾されることも多い．

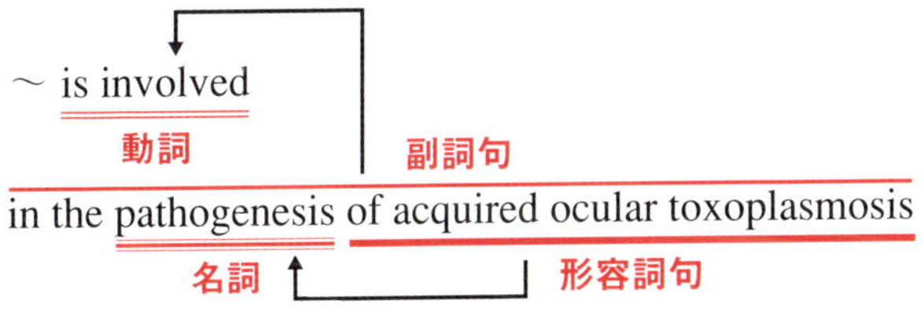

（～は，後天性眼トキソプラズマ症の病因に関与する）

◆副詞句の中に形容詞句をもつ表現例		用例数
in the pathogenesis of ～（❶）	～の病因に	1,463

❶ The results suggest that Fas-FasL interaction associated with apoptosis is involved in the pathogenesis of acquired ocular toxoplasmosis in mice. (*Infect Immun. 1999 67:928*)

訳 アポトーシスと関連する Fas-FasL 相互作用は，後天性眼トキソプラスマ症の病因に関与する

B 副詞句の連続

動詞を修飾する副詞句は，動詞の後ろに2つ以上置くことができる．

～ is expressed at high levels in anterior epidermis

is expressed：動詞　at high levels：副詞句　in anterior epidermis：副詞句

（～は，前側の表皮において高いレベルで発現される）

◆連続する副詞句の表現例

		用例数
at high levels in ～（❶）	～において高いレベルで	253

❶ In the embryo, slt-1 is expressed at high levels in anterior epidermis. (*Neuron. 2001 32:25*)

訳 slt-1 は，前側の表皮において高いレベルで発現される

C 形容詞句の連続

名詞は，異なる前置詞によって導かれる複数の形容詞句によって修飾を受けることがある．

treatment of cells with t-BHQ

treatment：名詞　of cells：形容詞句　with t-BHQ：形容詞句

（t-BHQによる細胞の処理）

◆連続する形容詞句の表現例

		用例数
treatment of cells with ～（❶）	～による細胞の処理	274

❶ The treatment of cells with t-BHQ resulted in the nuclear accumulation of both Bach1 and Nrf2. (*J Biol Chem. 2005 280:16891*)

訳 t-BHQ による細胞の処理は，Bach1 および Nrf2 の両方の核集積という結果になった

Ⓓ 形容詞句の中の形容詞句

名詞を後ろから修飾する形容詞句の中の名詞は，後ろから形容詞句による修飾を受けることがしばしばある．

（進行したTCCの患者の治療）

◆形容詞句の中に形容詞句をもつ表現例

		用例数
treatment of patients with ～ （❶）	～の患者の治療	135

❶ Weekly paclitaxel and gemcitabine is an active regimen in the treatment of patients with advanced TCC. (*J Clin Oncol. 2005 23:1185*)

訳 進行した TCC の患者の治療

2 句と節の組合わせ

句と節は，それらを組合わせて使うこともできる．特に，形容詞節は名詞を説明しながら文を組み立てるために重要である．

Ⓐ 句の中の節

句の中の名詞は，形容詞節や名詞節による修飾を受けることができる．

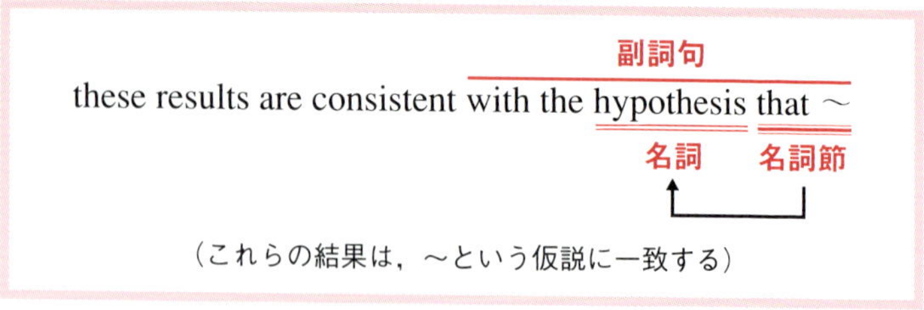

◆句の中に節をもつ表現例

		用例数
consistent with the hypothesis that ～（❶）	～という仮説に一致する	365
insight into the mechanism by which ～（❷）	～である機構への洞察	30

❶ These results are **consistent with the hypothesis that** medial PBN neurons mediate anorexia through 5HT2C receptors.（*Brain Res. 2006 1067:170*）

訳 これらの結果は，～という仮説に一致する

❷ Several approaches were employed to gain **insight into the mechanism by which** amastigotes avoid eliciting superoxide production.（*Infect Immun. 2005 73:8322*）

訳 無鞭毛虫がスーパーオキシド産生を誘発するのを避ける機構への洞察を得るために

Ⓑ 節の中の句

節の中は通常の文の形を取るので，そこでも句が使われることがある．下の例では，that 節の中の先頭に in で始まる副詞句が使われている．

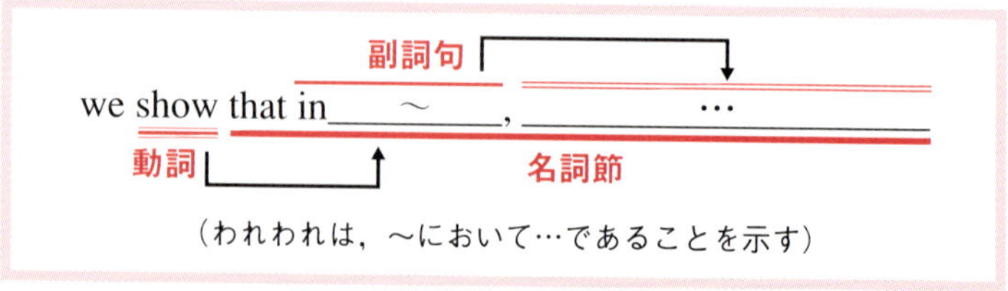

◆節の中に句を含む表現例

		用例数
we show that in ～（❶）	われわれは，～において…であることを示す	314

❶ Here we show that in the genome of Saccharomyces cerevisiae, most genes containing intragenic repeats encode cell-wall proteins. (*Nat Genet. 2005 37:986*)

訳 われわれは，出芽酵母のゲノムにおいて遺伝子内のリピートを含むほとんどの遺伝子が細胞壁タンパク質をコードすることを示す

V. セミコロン，コロンの用法

セミコロン（;）やコロン（:）の使い方は比較的簡単であるので，接続詞の多用を避けてすっきりと文章をまとめるテクニックとして有用である．ただし，以下に示すようにセミコロンとコロンとでは，意味が異なるので使い分けには注意が必要である．

1 セミコロン

セミコロンの意味は，カンマ（,）とピリオド（.）の中間である．

A カンマより大きなくくりを示す

カンマよりも大きなくくりを，カンマを交えてつくりたいときに用いられる．

❶ The overall distribution of genotypes was as follows: type 1, 50%; type 2, 18%; type 3, 23%; and type 4, 4%. （*J Infect Dis. 2000 182:933*）

訳 全体の遺伝子型の分布は次の通りであった：1型，50％；2型，18％；3型，23％；4型，4％

B 関連する内容の併記

関連する内容を併記したいときに，接続詞を使わずにセミコロンを用いる．

❶ The mutation R135A in the PSBD gave rise to a significant decrease（120-fold）in the binding affinity; two other mutations（R139A and R156A）were associated with smaller effects. （*Biochemistry. 2002 41:10446*）

訳 PSBDの変異R135Aは結合親和性の有意な低下（120倍）を生じる；2つの他の変異（R139AおよびR156A）はより小さな影響を伴った

C 対比を明確にする

セミコロンの後に however を用いて，対比を明確にしたい場合に用いる．

❶ The Hh signal is transduced by the seven-transmembrane protein Smoothened(Smo); however, the mechanism by which Smo is regulated remains largely unknown. （*Nature. 2004 432:1045*）

訳 Hh シグナルは 7 回膜貫通型タンパク質 Smoothened（Smo）によって伝達される；しかし，Smo が調節される機構はほとんど知られていない

D 統計に関連した用法

有意差の統計値を表す P の前にはしばしばセミコロンが用いられる．

❶ Full DNPS inhibition was associated with greater antileukemic effects compared with partial or no inhibition（－63% +/－4% vs －37% +/－4%; P ＜.0001）in patients with nonhyperdiploid B-lineage and T-lineage ALL. （*Blood. 2002 100:1240*）

訳 －63％±4％対－37％±4％；P ＜.0001

2 コロン

コロンは，2 つの独立した文をつなぐために用いられる．前の文の内容を受けた説明などが後半の文に示される場合が多い．コロン後の文は大文字で始まるのが文法的に正しいとされるが，小文字で始まる用例も多数ある．

A 後の文が大文字で始まる例

❶ Intracardiac electrograms, surface electrocardiograms, frontal fluoroscopy, lateral roentgenograms, and pacing threshold levels were studied in two groups of patients: One group was comprised of five patients with permanent pacemakers who had inadvertent malplacement of the pacing catheter, and the second group was composed of six patients undergoing temporary pacing from selected sites within the coronary venous system. （*Circulation. 1970 42:701*）

訳 心臓内電位図，表面心電図，正面の X 線写真，側面 X 線写真およびペーシング閾値レベルが 2 つのグループの患者において研究された：1 つ

のグループはペーシングカテーテルの不注意な設置不良の5名の患者から構成され，そして2番目のグループは冠静脈系内の選択された部位からの一時的なペーシングを受けている6人の患者で構成された

B 後の文が小文字で始まる例

❶ The mitochondria from maize embryos could be fractionated into two subpopulations by Suc density gradient centrifugation: one subpopulation of buoyant density equivalent to 22% to 28%（w/w）Suc; the other equivalent to 37% to 42%（w/w）Suc.（*Plant Physiol. 2001 125:662*）

訳 トウモロコシ胚からのミトコンドリアはSuc密度勾配遠心法によって2つのサブポピュレーションに分画されうる：22%～28%（w/w）Sucに相当する浮遊密度の1つのサブポピュレーション；37%～42%（w/w）Sucに相当するもう1つのサブポピュレーション

第3章

論文によく用いられる重要表現

第1章では各品詞ごとの用法，第2章では長い文を書くために句や節などを使う方法について述べたが，その他にも論文を書くために重要なさまざまな表現方法がある．本章では，そのような重要表現のうち，Ⅰ. つなぎの表現，Ⅱ. 節や句のつながり，Ⅲ. 比較の表現，Ⅳ. 推量の表現，Ⅴ. 完了形の種類と用法，について述べる．つなぎの表現は，大きく「逆説」「肯定/追加」に分けられ，副詞や副詞句を使ってつくることができる．節や句のつなぎのテクニックとしては，ここで示すような従位節を導く接続詞や副詞句を導く熟語を使いこなすことが大切であろう．さらに本章では論文を書くときに重要な比較表現や推量を表す助動詞，動詞，副詞，形容詞などについて記す．

I. つなぎの表現

文章の流れをつくり，ストーリーを円滑に展開するためには，前後の文の関係をつなぐ言葉が非常に重要な役割を果たす．このような働きをするものには，本項で述べるような副詞および副詞句がある．これらは主に逆説的な意味をもつものと肯定/追加の意味をもつものとに分けられる．

1 逆説

前の文を受けて逆説的なつなぎの言葉となる副詞，副詞句には以下のようなものがある．

Ⓐ つなぎの副詞

◆逆説的な意味をもつつなぎの副詞

		用例数
However, ～（❶）	しかし，～	22,507
Conversely, ～（❷）	逆に，～	1,286
Instead, ～（❸）	その代わりに，～	822
Nevertheless, ～（❹）	にもかかわらず，～	663
Alternatively, ～（❺）	その代わりに，～	276
Nonetheless, ～（❻）	にもかかわらず，～	267
Meanwhile, ～（❼）	一方では，～	23

❶ **However,** the mechanism by which inflammatory mediators such as IFN-γ increase epithelial permeability is unknown. (*FASEB J. 2005 19:923*)

訳 しかし，IFN-γのような炎症性メディエーターが上皮の透過性を増大させる機構は知られていない

❷ **Conversely,** overexpression of LINGO-1 leads to activation of RhoA and inhibition of oligodendrocyte differentiation and myelination. (*Nat Neurosci. 2005 8:745*)

訳 逆に，LINGO-1 の過剰発現は RhoA の活性化につながる

❸ **Instead,** we find that the phosphorylated form of histone H2B (H2B^{Ser14P}) correlates tightly with SHM and CSR. (*Immunity. 2005 23:101*)

訳 その代わりに，われわれは～ということをみつける

❹ **Nevertheless,** we found that a variable major protein of B. turicatae directly promoted GAG binding by this relapsing fever spirochaete. (*Mol Microbiol. 2000 36:886*)

訳 にもかかわらず，われわれは～ということをみつけた

❺ **Alternatively,** SR-Cs may evolve under diversifying selection, perhaps as a result of pressure from pathogens. (*Genetics. 2005 169:2023*)

訳 その代わりに，SR-C は多様化する選択のもとで進化するかもしれない

❻ **Nonetheless,** there were significant differences in their gustatory phenotypes. (*Dev Biol. 2002 242:31*)

訳 にもかかわらず，それらの味覚の表現型の有意な違いがあった

❼ **Meanwhile,** the IL-6-induced decrease in PRP at 2 h was blocked by ODQ or Rp-8-Br-cGMP. (*J Physiol. 2005 566:341*)

訳 一方では，IL-6 に誘導される PRP の 2 時間での低下は～によってブロックされた

Ⓑ つなぎの副詞句

◆逆説的な意味をもつつなぎの副詞句

		用例数
In contrast, ～（❶）	対照的に，～	10,008
By contrast, ～（❷）	対照的に，～	1,112
On the other hand, ～（❸）	他方では，～	658
On the contrary, ～（❹）	それどころか，～/反対に，～	55

❶ **In contrast,** the expression of lysosomal cathepsins B and D was up-regulated in infected cells. (*Infect Immun. 2004 72:5712*)

訳 対照的に，ライソソームのカテプシン B および D の発現が感染細胞において上方制御された

❷ **By contrast,** the closely related factor, Msx3, does not have these activities. (*Development. 2004 131:1017*)

訳 対照的に，密接に関連する因子 Msx3 は，これらの活性をもたない

❸ **On the other hand,** the mutation hardly affects E^k activities. (*J Immunol. 2003 170:3751*)

訳 他方では，その変異は E^k 活性にほとんど影響を与えない

❹ On the contrary, no change in gene expression of CYP1A1 and CYP1B1 was observed when the cells were exposed to DBP. (*Cancer Res. 2005 65:1251*)

訳 それどころか，CYP1A1 および CYP1B1 の遺伝子発現の変化は観察されなかった

2 肯定/追加

前の文を受けて，次の文を肯定的につなぐときに使う副詞，副詞句には次のようなものがある．

Ⓐ つなぎの副詞

a) したがって/それによって

◆肯定的な意味をもつつなぎの副詞：したがって/それによって

		用例数
Thus, ～ (❶)	したがって，～/このように，～	12,166
then (❷)	それで	6,555
Therefore, ～ (❸)	したがって，～	3,644
, thereby ～ (❹)	それによって～	2,105
Hence, ～ (❺)	したがって，～	700
Consequently, ～ (❻)	したがって，～/その結果として，～	614
Accordingly, ～ (❼)	したがって，～	520

❶ Thus, we conclude that GluRIID is essential for the assembly and/or stabilization of glutamate receptors in the NMJ. (*J Neurosci. 2005 25:3199*)

訳 したがって，われわれは～であると結論する

❷ We then examined the mechanism by which STAT3 was constitutively expressed in the tumor tissue of the G−/− mice. (*Oncogene. 2005 24:2354*)

訳 われわれは，それで，～である機構を調べた

❸ Therefore, we investigated the anti-angiogenic effects of mTOR inhibitors. (*Oncogene. 2005 24:5414*)

訳 したがって，われわれは mTOR 抑制剤の血管新生抑制効果を精査した

❹ The crystal structures of two didomain PEPs have been solved in alternative configurations, **thereby** providing insights into the mode of action of these enzymes. (*Proc Natl Acad Sci USA. 2005 102:3599*)
訳 それによってこれらの酵素の作用の様式への洞察を提供する

❺ **Hence,** we hypothesize that the reported response to mIgE binding is a result of such an Fc epsilon RI-IgE induced aggregation. (*J Immunol. 2005 174:4461*)
訳 したがって，われわれは～ということを仮定する

❻ **Consequently,** we sought to determine whether the hypocretinergic system modulates the electrical activity of motoneurons. (*J Neurosci. 2004 24:5336*)
訳 したがって，われわれは～かどうかを決定しようとした

❼ **Accordingly,** we tested if VEGF contributes to the ability of prostate cancer to induce osteoblast activity. (*Cancer Res. 2005 65:10921*)
訳 したがって，われわれは VEGF が～の能力に寄与するかどうかをテストした

第3章

I

b) さらに

◆肯定的な意味をもつつなぎの副詞：さらに

		用例数
Furthermore, ～ (❶)	さらに，～	10,570
Moreover, ～ (❷)	さらに，～	5,817
Additionally, ～ (❸)	さらに，～	1,855
Further, ～ (❹)	さらに，～	1,178

❶ **Furthermore,** we show that Rac1 has two distinct roles at different stages of neuronal development. (*J Neurosci. 2005 25:10627*)
訳 さらに，われわれは～ということを示す

❷ **Moreover,** we show that β-catenin and LEF/TCF activate the promoters of BMP4 and N-myc. (*Dev Biol. 2005 283:226*)
訳 さらに，われわれは～ということを示す

❸ **Additionally,** we show that UBCH7 and E6-associated protein (E6-AP) synergistically enhance PR transactivation. (*Mol Cell Biol. 2004 24:8716*)
訳 さらに，われわれは～ということを示す

❹ **Further,** we demonstrate that bmp4 has the potential to alter mandibular morphology in a way that mimics adaptive variation among fish

species. (*Proc Natl Acad Sci USA. 2005 102:16287*)
訳 さらに，われわれは～ということを実証する

c）同様に

◆肯定的な意味をもつつなぎの副詞：同様に

		用例数
Similarly, ～（❶）	同様に，～	1,325
Likewise, ～（❷）	同様に，～	384
Correspondingly, ～（❸）	同様に，～	78

❶ **Similarly,** the expression of wild-type SHIP2 inhibited NF-κB-mediated gene transcription. (*J Immunol. 2004 173:6820*)
訳 同様に，野生型 SHIP2 の発現は NF-κB に仲介される遺伝子の転写を抑制した

❷ **Likewise,** the ability to predict tumor malignancy has the potential to improve the prognosis of these patients. (*Curr Opin Oncol. 2006 18:1*)
訳 同様に，腫瘍悪性度を予想する能力はこれらの患者の予後を改善する可能性をもつ

❸ **Correspondingly,** overexpression of YPL110c results in reduced intracellular glycerophosphocholine in cells prelabeled with [^{14}C]choline. (*J Biol Chem. 2005 280:36110*)
訳 同様に，YPL110c の過剰発現は～という結果になる

d）まとめると/実際に

◆肯定的な意味をもつつなぎの副詞：まとめると/実際に

		用例数
Collectively, ～（❶）	まとめると，～	985
Indeed, ～（❷）	実際に，～	676

❶ **Collectively,** these results suggest that CD 200:CD 200 R interactions may play a role in regulating both LC and DETC in cutaneous immune reactions. (*J Invest Dermatol. 2005 125:1130*)
訳 まとめると，これらの結果は～ということを示唆する

❷ **Indeed,** we found that BMP2 treatment of MCF-7 cells decreased the association of PTEN with two proteins in the degradative pathway, UbCH7 and UbC9. (*Hum Mol Genet. 2003 12:679*)
訳 実際に，われわれは～ということをみつけた

Ⓑ つなぎの副詞句

◆肯定的な意味をもつつなぎの副詞句

		用例数
In addition, ～（❶）	そのうえ，～	9,460
In summary, ～（❷）	要約すると，～	884
Taken together, ～（❸）	まとめると，～	2,786
In conclusion, ～（❹）	まとめると，～	1,426
In fact, ～（❺）	実際に，～	257

❶ In addition, we show that COP1 is required for degradation of HFR1 *in vivo*. （*Plant Cell. 2005 17:804*）

訳 そのうえ，われわれは～ということを示す

❷ In summary, our results suggest that disease-related phosphorylation and missense mutations of tau increase association of tau with Fyn. （*J Biol Chem. 2005 280:35119*）

訳 要約すると，われわれの結果は～ということを示唆する

❸ Taken together, these results suggest that p53-deficiency does not affect spontaneous and radiation-induced mutation in the mouse germline. （*Oncogene. 2005 24:4315*）

訳 まとめると，これらの結果は～ということを示唆する

❹ In conclusion, we have identified an important mechanism that underpins the failure of infused hepatocytes to engraft and survive in liver injury. （*Hepatology. 2004 40:636*）

訳 まとめると，われわれの結果は～を補強する重要な機構を同定した

❺ In fact, mCD1d has been shown previously to interact with the AP-3 adaptor complex. （*J Immunol. 2005 174:3179*）

訳 実際に，mCD1d が AP-3 アダプター複合体と相互作用することが以前に示されている

第3章

I

Ⅱ. 節や句のつながり

節が長い文を書くためのテクニックとして非常に重要であることは第2章-Ⅱで述べたとおりであるが，同時に議論の因果関係を明らかにするためにもきわめて有用である．このような意味で論文によく用いられる従位副詞節には，下のような逆説，肯定，結果，条件を示すものなどがある．また，句のなかにもこれらの従位節と同じような働きをする副詞句がある．本項ではこれらについてまとめる．

1 逆説

逆説的な意味をもつ副詞節・副詞句には以下のようなものがある．

Ⓐ 副詞節

◆逆説的な意味をもつ副詞節を導く表現		用例数
although ～（❶）	～だけれども/～にもかかわらず	18,485
, whereas ～（❷）	だが一方～	15,027
while ～（❸）	だが一方～/～だけれども	12,692
even though ～（❹）	～だけれども/たとえ～であるにしても	900
Though ～（❺）	～だけれども/～にもかかわらず	135

❶ Several nonhypoxic stimuli can also activate HIF-1, although the mechanisms involved are not well known.（*J Biol Chem. 2005 280:41928*）
訳 関与する機構はよく知られていないけれども

❷ Mutation of residues within these patches reveals that one patch is required for pRb binding, whereas the other is required for E2F binding.（*J Biol Chem. 2006 281:578*）
訳 だが一方，他方はE2F結合のために必要とされる

❸ Moreover, Egr1-deficient and Egr3-deficient mice lack Arc protein in a subpopulation of neurons, while mice lacking both Egr1 and Egr3 lack

Arc in all neurons. (*Mol Cell Biol. 2005 25:10286*)

訳 だが一方，Egr1 および Egr3 の両方を欠くマウスはすべてのニューロンにおいて Arc を欠く

❹ Unexpectedly, Sir3 binding and the degree of transcriptional repression gradually increase for 3–5 cell generations, **even though** the intracellular level of Sir3 remains constant. (*EMBO J. 2005 24:2138*)

訳 Sir3 の細胞内レベルは一定のままであるけれども

❺ **Though** several PCR-based systems have been developed for this purpose, the cross-reactivity within serogroups often limits discrimination between types. (*J Theor Biol. 2006 239:289*)

訳 いくつかの PCR に基づくシステムがこの目的のために開発されてきたけれども

第3章

Ⓑ 副詞句

◆逆説的な意味をもつ副詞句を導く表現

		用例数
Despite ～ (❶)	～にもかかわらず	2,836
In contrast to ～ (❷)	～とは対照的に	1,981
Unlike ～ (❸)	～と違って	1,357
albeit ～ (❹)	～ではあるが	1,357
as opposed to ～ (❺)	～とは対照的に	304
Contrary to ～ (❻)	～に反して	285
in spite of ～ (❼)	～にもかかわらず	163

II

❶ **Despite** the fact that hundreds of deletions have been characterized at the molecular level, their mechanisms of genesis are unknown. (*Hum Mol Genet. 2005 14:893*)

訳 ～という事実にもかかわらず

❷ **In contrast to** previous reports, we were unable to find evidence for direct interactions between APP and kinesin-1. (*J Neurosci. 2005 25:2386*)

訳 以前の報告とは対照的に

❸ **Unlike** other known SCF substrates, $p27^{Kip1}$ ubiquitination also requires the accessory protein Cks1. (*Mol Cell. 2005 20:9*)

訳 他の既知の SCF 基質と違って

❹ Consistent with this observation, Cdc45 can still associate with chromatin in Drf1-depleted extracts, **albeit** at significantly reduced levels.

(*J Biol Chem. 2003 278:41083*)

訳 有意に低下したレベルにおいてではあるが

❺ Small scale independent infections proved to be helpful as a secondary screening method, as opposed to the more traditional competitive index assay. (*Mol Microbiol. 2005 58:1054*)

訳 より伝統的な競合指数アッセイとは対照的に

❻ Contrary to expectations, murine Bapx1 does not affect the articulation of the malleus and incus. (*Development. 2004 131:1235*)

訳 予想に反して

❼ In spite of this, we still know little about the mechanisms that inhibit hypertrophic growth. (*J Cell Biol. 2004 167:1147*)

訳 これにもかかわらず，われわれはなお～を抑制する機構についてはほとんど知らない

2 肯定/理由/結果

肯定/理由/結果を表す副詞節・副詞句には以下のようなものがある．

Ⓐ 副詞節

◆肯定/理由/結果を表す副詞節を導く表現

		用例数
Because ～ (❶)	～なので	5,218
Since ～ (❷)	～なので/～以来	2,192
, so that ～ (❸)	その結果～/それで～	255
, which in turn ～ (❹)	そして，それは次には ～	628

❶ Because the number of people infected by fungal pathogens is increasing, strategies are being developed to target RNAs in fungi. (*Proc Natl Acad Sci USA. 2003 100:1530*)

訳 病原真菌に感染したヒトの数は増えているので

❷ Since P4 is known to be an enzyme, nonenzymatically active forms of recombinant P4 are required. (*Infect Immun. 2005 73:4454*)

訳 P4 は酵素であると知られているので

❸ The feature maps are also strongly interdependent-their high-gradient regions avoid one another and intersect orthogonally where essential, so that overlap is minimized. (*Neuron. 2005 47:267*)

訳 その結果，重複は最小化される

❹ Our results suggest that Gβγ binds PAK1 and, via PAK-associated PIXα, activates Cdc42, which in turn activates PAK1. (*Cell. 2003 114:215*)

訳 そして，それは次には PAK1 を活性化する

B 副詞句

◆肯定/理由/結果を表す副詞句を導く表現

		用例数
in agreement with ～ (❶)	～に一致して	572
in accordance with ～ (❷)	～に一致して	164
in accord with ～ (❸)	～に一致して	150
, coincident with ～ (❹)	～に一致して	98
in addition to ～ (❺)	～に加えて	3,600
according to ～ (❻)	～に従って/～によれば	1,653
Because of ～ (❼)	～のせいで/～のゆえに	697
Due to ～ (❽)	～のせいで/～のゆえに	224
owing to ～ (❾)	～のせいで	379

❶ These data indicate that the lysine-binding site is more open in LysRS2 than in LysRS1, in agreement with previous structural studies. (*J Biol Chem. 2004 279:17707*)

訳 以前の構造的な研究に一致して

❷ In accordance with this finding, E7946 mpc exhibits a defect in quorum sensing. (*Infect Immun. 2003 71:2571*)

訳 この知見に一致して

❸ In accord with these findings, survivin and COX-2 were frequently upregulated and co-expressed in human lung cancers *in situ*. (*FASEB J. 2004 18:206*)

訳 これらの知見に一致して

❹ In both cell types, T-oligos transcriptionally down-regulated base-line and UV light-induced COX-2 expression, coincident with p53 activation. (*J Biol Chem. 2005 280:32379*)

訳 p53 の活性化に一致して

❺ In addition to its role in proliferation, ATX-2 acts downstream of FOG-2 to promote the female germline fate. (*Genetics. 2004 168:817*)

訳 増殖におけるそれの役割に加えて

❻ Patients were divided into 4 groups **according to** the number of times their aCL levels were elevated. (*Arthritis Rheum. 1999 42:735*)
訳 回数に従って，患者は 4 つのグループに分けられた

❼ **Because of** the presence of multiple Lys-Lys sequences, polylysines have tremendously enhanced affinity. (*J Biol Chem. 2002 277:225*)
訳 複数の Lys-Lys 配列の存在ゆえに

❽ **Due to** experimental ambiguity, several incorrect edges can be hypothesized for each spectral peak. (*Bioinformatics. 2006 22:172*)
訳 実験的なあいまい性のせいで

❾ In fact, TRAF3-deficient cells overproduce pro-inflammatory cytokines **owing to** defective IL-10 production. (*Nature. 2006 439:204*)
訳 欠陥のある IL-10 産生のせいで

3 条件

条件や仮定を示す副詞節・副詞句には以下のようなものがある．

Ⓐ 副詞節

◆条件を表す副詞節を導く表現

		用例数
If ～（❶）	もし～なら	1,125
even if ～（❷）	たとえ～だとしても	168
unless ～（❸）	～でない限りは	367
Once ～（❹）	いったん～すると	328

❶ **If** the latter is correct, diazonamide A and its oxygen analog should have uniquely potent inhibitory effects on the dynamic properties of microtubules. (*Mol Pharmacol. 2003 63:1273*)
訳 もし後者が正確なら

❷ An adequately developed antiviral cellular immunity may lead to significant tissue damage and graft loss **even if** the viral infection is eventually controlled. (*Transplantation. 2005 80:276*)
訳 たとえウイルス感染が最終的には制御されるとしても

❸ Urinary tract infections were more common in stented patients (RR 1.49), **unless** the patients were prescribed 480 mg cotrimoxazole once daily. (*Transplantation. 2005 80:877*)

訳 患者が一日に一度 480 mg のコトリモキサゾールを処方されない限りは

❹ Once translocation is impeded on supercoiled DNA, the DNA is cleaved. (*J Mol Biol. 2005 352:837*)

訳 いったん転座がスーパーコイルの DNA 上で妨害されると，DNA は切断される

B 副詞句

◆条件を表す副詞句を導く表現

		用例数
Given（❶）	～を考えれば/～を考慮に入れて	870

❶ Given the importance of Cdx genes in development and disease, the mechanisms underlying their expression are of considerable interest. (*Dev Biol. 2005 282:509*)

訳 発症と疾患における Cdx 遺伝子の重要性を考えれば

第3章

II

CVS

Ⅲ. 比較の表現

比較の表現は，数量的な内容を含む科学論文において非常に重要なものである．以下に示すような代表的な表現を習得してうまく使えるようになると論文執筆に非常に役に立つであろう．

1 thanを用いた比較表現

形容詞や副詞の比較級には，しばしばthanがともに用いられる．そこでここでは，thanを伴う比較級の表現について示す．

◆ thanを用いた比較表現

		用例数
more than ～（❶）	～以上	4,305
rather than ～（❷）	～よりむしろ	3,788
less than ～（❸）	～より少ない/～より低い	2,677
greater than ～（❹）	～より大きい	2,279
higher than ～	～より高い	1,886
lower than ～	～より低い	1,354
other than ～（❺）	～以外の	1,003
larger than ～	～より大きい	552
faster than ～	～より速い	544
better than ～（❻）	～よりよい	541
smaller than ～	～より小さい	411
longer than ～	～より長い	353

❶ Currently, more than one third of liver transplant candidates have HCV. (*Hepatology. 2002 36:S30*)
訳 肝移植候補者の3分の1以上は，C型肝炎ウイルスをもつ

❷ Furthermore, histone deacetylase inhibitors were preferentially cytotoxic to cells with mutant p53 rather than to cells lacking wild-type p53. (*Cancer Res. 2005 65:7386*)

訳 ヒストンデアセチラーゼ阻害薬は，野生型の p53 を欠く細胞に対してよりも変異型の p53 をもつ細胞に対して選択的に細胞傷害性であった

❸ The Y395A propeptide affinity was similar to that of wild type, but those of L394R and W399A were 16-22-fold less than that of wild type. (*J Biol Chem. 2003 278:46488*)

訳 L394R および W399A のそれらは，野生型のそれより 16 ～ 22 倍低かった

❹ We infer that the death rate of HIV-infected cells is 80 times greater than that of uninfected cells and that the elimination of the vpr protein reduces the death rate by half. (*J Virol. 2005 79:4025*)

訳 HIV に感染した細胞の死亡率は，非感染細胞のそれよりも 80 倍大きい

❺ The data suggest that irradiated cells release toxic factors other than ROS into the medium (*Oncogene. 2005 24:2096*)

訳 照射された細胞は ROS 以外の有害な因子を培地へ放出する

❻ Survival in patients with carcinoid and pancreatic neuroendocrine tumors is significantly better than adenocarcinomas arising from the same organs. (*Ann Surg. 2005 241:776*)

訳 カルチノイドおよび膵性の神経内分泌腫瘍の患者の生存は，同じ臓器から生じる腺癌より有意によい

2 compared/comparison/relative を用いた比較表現

compared, comparison, relative は，以下のような比較級を用いない比較の表現として使われる．

A compared ＋前置詞

compared with と compared to は意味も使い方もほとんど同じである．用例数は compared with の方が多い．

◆ compared with を用いた比較表現

		用例数
compared with	～と比較して/～と比べて	15,619
Compared with ～ (❶)	～と比較して/～と比べて	1,182
when compared with ～ (❷)	～と比較すると	1,004
as compared with ～ (❸)	～と比較して/～と比べて	1,364

〈as compared with〉の用例もあるが，as は省略されることが多い．

❶ Compared with control subjects, infants fed the experimental formula had 25% and 40% higher intakes of calcium and phosphorus, respectively. (*Am J Clin Nutr. 2004 80:1595*)

訳 対照群被検者と比較して

❷ However, internalization of the enzyme by the ASMKO cells was markedly reduced when compared with normal cells. (*J Biol Chem. 2004 279:1526*)

訳 ～は，正常細胞と比較すると顕著に低下した

❸ In addition to a higher number of neutrophils, we found a 1.8-fold higher number of monocytes-macrophages in the lungs of transgenic mice as compared with wild-type mice. (*Am J Respir Crit Care Med. 2002 166:1263*)

訳 われわれは，野生型マウスと比較してトランスジェニックマウスの肺において 1.8倍高い数のモノサイト-マクロファージをみつけた

◆ compared to を用いた比較表現

		用例数
compared to	～と比較して/～と比べて	5,508
Compared to ～ (❶)	～と比較して/～と比べて	321
when compared to ～ (❷)	～と比較すると	361
as compared to ～ (❸)	～と比較して/～と比べて	559

〈as compared to〉の用例もあるが，as は省略されることが多い．

❶ Compared to wild-type controls, Sbe1 transcripts accumulate at extremely low levels in leaves of the homozygous mutant. (*Plant Mol Biol. 2002 48:287*)

訳 野生型コントロールと比較して

❷ It was found that the enzyme exhibits a broader acceptor substrate specificity when compared to other sialyltransferases, though the donor specificity is quite limited. (*J Am Chem Soc. 2001 123:10909*)

訳 他のシアル酸転移酵素と比較すると，その酵素は，より広いアクセプター基質特異性を示す

❸ Structural analysis of this mutant reveals that the orientation of the thioester moiety of the substrate has been changed significantly as compared to that in the wild-type enzyme. (*Biochemistry. 2005 44:16549*)

訳 野生型酵素におけるそれと比較して，～は，有意に変化している

B comparison ＋前置詞

in comparison with と in comparison to が代表的な表現である．両者の用例数もほぼ同じである．

◆ comparison with を用いた比較表現

		用例数
in comparison with ～（❶）	～と比較して	447

❶ Although phosphorylation of eIF2α in PERK$^{-/-}$ fibroblasts is attenuated in comparison with wild-type fibroblasts, it is not eliminated. (*Mol Biol Cell. 2005 16:5493*)

訳 野生型の線維芽細胞と比較して PERK$^{-/-}$線維芽細胞における eIF2αのリン酸化は低下している

◆ comparison to を用いた比較表現

		用例数
in comparison to ～（❶）	～と比較して	409

❶ We have previously shown that steady-state levels of LeIMP-2 mRNA were very low in comparison to LeIMP-1 and LeIMP-3 mRNA levels. (*Gene. 2004 326:35*)

訳 LeIMP-1 および LeIMP-3 メッセンジャー RNA レベルと比較して，LeIMP-2 メッセンジャー RNA の定常状態レベルは非常に低かった

C relative ＋前置詞

◆ relative to を用いた比較表現

		用例数
relative to ～（❶）	～と比較して	4,093

❶ Furthermore, sec3Δ cells are strikingly round relative to wild-type cells and are unable to form pointed mating projections in response to α factor. (*Mol Biol Cell. 2003 14:4770*)

訳 野生型細胞と比較して，sec3Δ 細胞は著しく丸い

3 程度の大きさを表す比較表現

程度の大きさを具体的に表す比較の表現としては，-fold，%，times，orders of magnitude などがある．

Ⓐ ～-fold/%＋名詞

a）～-fold

◆～-fold ＋名詞を用いた比較表現

		用例数
～-fold increase（❶）	～倍の増大	1,564
～-fold decrease	～倍の低下	278
～-fold reduction	～倍の低下	222
～-fold difference	～倍の違い	77
～-fold change	～倍の変化	77
～-fold selectivity	～倍の選択性	72
～-fold induction	～倍の誘導	69

❶ We observed a 5-fold increase in CstF-64 expression following LPS treatment of RAW macrophages.（*J Biol Chem. 2005 280:39950*）

訳 われわれは，CstF-64 発現の 5 倍の増大を観察した

b）～%

◆～%＋名詞を用いた比較表現

		用例数
～% reduction（❶）	～%の低下	740
～% increase	～%の増大	493
～% decrease	～%の低下	438
～% difference	～%の違い	29

❶ Deletion of one allele of FATP4 resulted in 48% reduction of FATP4 protein levels and a 40% reduction of fatty acid uptake by isolated enterocytes.（*J Biol Chem. 2003 278:49512*）

訳 FATP4 の 1 つのアレルの欠失は，FATP4 タンパク質レベルの 48%低下という結果になった

B 他動詞（過去分詞）/自動詞＋～-fold/%

a）～-fold

◆動詞＋～-fold を用いた比較表現

		用例数
increased ～-fold（❶）	～倍増大した	265
reduced ～-fold	～倍低下した	69
decreased ～-fold	～倍低下した	44
enhanced ～-fold	～倍増強された	26

❶ CaM kinase activity was increased 5-fold in cells subjected to IH. （*J Biol Chem. 2005 280:4321*）
訳 カルモジュリンキナーゼ活性は，5倍増大した

b）～%

◆動詞＋～%を用いた比較表現

		用例数
increased ～%（❶）	～%増大した	124
decreased ～%	～%低下した	67
reduced ～%	～%低下した	61

❶ BACE1 protein levels increased 67%, while BACE2 protein level did not change after such a transient ischemia. （*Brain Res. 2004 1009:1*）
訳 BACE1 タンパク質のレベルは 67%増大した

C 他動詞（過去分詞）/自動詞＋ by ～-fold/%

a）～-fold

◆動詞（過去分詞）＋ by ～-fold を用いた比較表現

		用例数
increased by ～-fold	～倍だけ増大した	27
reduced by ～-fold	～倍だけ低下した	9

b）～%

◆動詞（過去分詞）＋ by ～%を用いた比較表現

		用例数
reduced by ～%（❶）	～%だけ低下した	309
decreased by ～%	～%だけ低下した	241
increased by ～%	～%だけ増大した	181

❶ The level of Sp1 protein was reduced by 50% in INS-1 cells chronically exposed to a high concentration of glucose. (*Gene. 2002 296:221*)
訳 Sp1 タンパク質のレベルは，INS-1 細胞において 50%だけ低下した

D ～-fold ＋過去分詞

◆～-fold ＋過去分詞を用いた比較表現

		用例数
～-fold increased (❶)	～倍増大した	154
～-fold reduced	～倍低下した	61
～-fold decreased	～倍低下した	25

❶ Offspring of attempters had a 6-fold increased risk of suicide attempts relative to offspring of nonattempters. (*Arch Gen Psychiatry. 2002 59:801*)
訳 企図者の子は，6 倍増大した自殺企図のリスクをもっていた

E ～-fold / % / orders of magnitude / times ＋比較級

a) ～-fold

◆～-fold ＋比較級を用いた比較表現

		用例数
～-fold higher (❶)	～倍より高い	987
～-fold more …	～倍より…	614
～-fold more potent	～倍より強力な	103
～-fold lower	～倍より低い	478
～-fold greater	～倍より大きい	448
～-fold less	～倍より少ない	250
～-fold faster	～倍より速い	106
～-fold slower	～倍より遅い	97

❶ On average, cell lines transformed with the Rb7 MAR-containing vector expressed GFP at levels 2.0- to 3.7-fold higher than controls. (*Plant Cell. 2005 17:418*)
訳 Rb7 MAR を含むベクターを形質導入された細胞株は，対照群より 2.0 から 3.7倍高いレベルで GFP を発現した

b) ～%

◆～%＋比較級を用いた比較表現

		用例数
～% lower（❶）	～%より低い	284
～% higher	～%より高い	243
～% less	～%より少ない	145
～% more …	～%より…	124
～% greater	～%より大きい	119

❶ Despite this 20% lower energy intake, there were only small differences in hunger (7%) and fullness (5%). (*Am J Clin Nutr. 2001 73:1010*)
訳 この20%より低いエネルギー摂取にもかかわらず

第3章

c) ～ orders of magnitude

◆～ orders of magnitude ＋比較級を用いた比較表現

		用例数
～ orders of magnitude higher than …（❶）	…より～オーダー高い	44
～ orders of magnitude lower than …	…より～オーダー低い	43
～ orders of magnitude greater than …	…より～オーダー大きい	29

❶ These affinities were 2-3 orders of magnitude higher than those previously derived by radiolabeled fatty acyl-CoA ligand binding assay. (*J Biol Chem. 2002 277:23988*)
訳 これらの親和性は，～によって以前に得られたそれらより2～3オーダー高かった

III

d) ～ times

◆～ times ＋比較級を用いた比較表現

		用例数
～ times more …	～倍より…	462
～ times more likely to …（❶）	～倍より…しそうな	78
～ times higher	～倍より高い	269
～ times greater	～倍より大きい	168
～ times faster	～倍より速い	125
～ times less	～倍より少ない	72
～ times larger	～倍より大きい	58
～ times lower	～倍より低い	58

❶ However, patients who receive these organs are 2.5 times more likely to develop HBV recurrence. (*Transplantation. 2002 73:1598*)

訳 これらの臓器を受けた患者は，B型肝炎ウイルス再発を2.5倍より発症しそうである

4 程度を強調する比較表現

程度を強調する比較表現としては，extent，degree を用いる表現や，as ～ as の表現が論文でよく用いられる.

Ⓐ 程度： extent / degree を用いる表現

extent や degree を用いる表現としては，to ～ extent/to ～ degree がよく使われる.

◆ extent/degree を用いた比較表現

			用例数
extent	to a lesser extent (❶)	より少ない程度で	494
	to a greater extent (❷)	より大きな程度で	165
	to a similar extent	類似の程度で	88
	to the same extent as ～ (❸)	～と同じ程度に	85
degree	a high degree of ～ (❹)	高度の～	420
	to a lesser degree (❺)	より少ない程度で	108

❶ This 944-bp novel murine transcript is expressed primarily in cardiac and skeletal muscle and to a lesser extent in brain. (*Genomics. 2001 72:260*)

訳 この944 bpの新規のマウスの転写物は，主に心筋および骨格筋において，そしてより少ない程度で脳において発現する

❷ In contrast, the mutant strains bound to whole-saliva-coated hydroxyapatite to a greater extent than did the wild-type strains. (*Infect Immun. 2001 69:7046*)

訳 変異型株は，野生型株よりも大きな程度で全唾液にコートされたヒドロキシアパタイトに結合した

❸ However, Cav-1 (S168E) is phosphorylated to the same extent as wild-type caveolin-1. (*J Biol Chem. 2001 276:4398*)

訳 Cav-1（S168E）は，野生型の caveolin-1 と同じ程度にリン酸化される

❹ RRV and KSHV share a high degree of sequence similarity, and their genomes are organized in a similar fashion. (*J Virol. 2005 79:8637*)

訳 RRV と KSHV は，高度の配列類似性を共有している

❺ Here we show that certain catalytically inactive mutants of PKK can activate NFκB, although to a lesser degree than wild type PKK. (*J Biol Chem. 2003 278:21526*)

訳 野生型の PKK より低い程度であるけれども

B 同じくらい：as ～ as を用いる表現

as ～ as は「同じぐらい～」という意味をもち，最も用例数の多い as well as は「同様に」という意味で用いられる．その他に，as early as，as much as，as low as，as high as，as long as などがよく使われる．

◆ as ～ as を用いた比較表現

		用例数
as well as ～（❶）	～と同様に	12,698
as early as ～（❷）	早くも～/～ほども早く	387
as much as ～（❸）	～ほども/～ほども多く	270
as low as ～（❹）	～ほども低い	257
as high as ～（❺）	～ほども高い	223
as long as ～（❻）	～ほども長く/～である限り	181

❶ The DID appears to be conserved in several other ets family members, as well as in other proteins known to interact with Daxx. (*Oncogene. 2000 19:745*)

訳 DID は，Daxx と相互作用することが知られている他のタンパク質においてと同様に他の ets ファミリーのメンバーにおいて保存されているように思われる

❷ Apoptotic changes were evident as early as 1 h after infection of endothelial cells. (*Infect Immun. 1998 66:5994*)

訳 アポトーシス性の変化は，内皮細胞の感染のあと早くも 1 時間で明らかになった

❸ However, the accumlation of more hydrophilic steroids was reduced by as much as 50%. (*Biochemistry. 1996 35:4820*)

訳 より親水性のステロイドの蓄積は，50％ほども低下した

❹ *In vitro*, rBRAK blocked endothelial cell chemotaxis at concentrations as low as 1 nmol/L, suggesting this was a major mechanism for angiogenesis inhibition. (*Cancer Res. 2004 64:8262*)

訳 rBRAK は，1 nmol/L ほども低い濃度で内皮細胞走化性をブロックした

❺ L-Arginine supplied in the form of dipeptides showed no toxicity at concentrations as high as 30 mM.（*J Bacteriol. 2000 182:919*）

訳 ジペプチドの形で供給された L-アルギニンは，30 mM ほども高い濃度でも毒性を示さなかった

❻ This down-regulation of virus replication persisted as long as 4 weeks after BCG inoculation.（*J Virol. 2001 75:4713*）

訳 このウイルス複製の下方制御は，BCG 接種のあと 4 週間ほども長く持続した

Ⅳ. 推量の表現

論文ではともすると断定を避ける傾向にあり，結果から考えられることに対して推量の表現がよく用いられる．may の用例が非常に多いが，そればかり使っては文章が単調になる．助動詞だけでなく以下のような動詞，副詞，形容詞を使う用例も非常に多い．これらを適宜取り入れていくと表現に幅ができてよいであろう．

◆推量表現に用いられる語句

			用例数
動詞	appear	思われる	14,111
	seem	思われる	2,034
	think	考える	3,875
	consider	考える	3,905
	assume	推定する/仮定する	1,437
	presume	推定する	540
形容詞/副詞	likely	おそらく～であろう/おそらく	8,924
副詞	probably	おそらく	2,301
	presumably	おそらく	1,213
	perhaps	おそらく	1,144
	possibly	もしかしたら	2,193
助動詞	may	かもしれない	49,552
	might	かもしれない	5,381

1　推量を表す動詞

推量を意味する動詞には，appear，seem，think，consider，assume，presume などがある．appear と seem は自動詞で，SVC の文型で用いられる．think，consider，assume，presume は他動詞で，受動態の用例が多い．いずれの語も後に to *do*（to be）が続くことが多い．

Ⓐ appear（～のように思われる）

appear to be の用例が非常に多い．後に形容詞の補語が続く場合は，to be は省略できるが，appeared normal などの一部の例を除いてあまり省略されることはない．また，it appears that の用例もかなり多い．

◆ appear を用いた推量表現

		用例数
appears to ～	～するように思われる	5,417
appears to be ～	～であるように思われる	3,011
appears to be mediated（❶）	仲介されるように思われる	89
appears to be due to ～（❷）	～のせいであるように思われる	60
appeared normal（❸）	正常であるように思われる	77
it appears that ～（❹）	～であるように思われる	387

❶ This inhibitory effect appears to be mediated by the inhibition of ERKs and JNK activity. (*J Biol Chem. 2004 279:10670*)

訳 この抑制効果は，ERK および JNK の活性の抑制によって仲介されるように思われる

❷ This effect appears to be due to CEP-701 causing cell cycle arrest. (*Blood. 2004 104:1145*)

訳 この影響は，CEP-701 が引き起こす細胞周期停止のせいであるように思われる

❸ The chondrocytic zones of the growth plates also appeared normal in BGsKO mice. (*J Biol Chem. 2005 280:21369*)

訳 成長板の軟骨細胞層は，また，BG ノックアウトマウスにおいて正常であるように思われた

❹ It appears that this domain is involved in stabilizing the LEDGF-DNA binding complex. (*J Mol Biol. 2006 355:379*)

訳 ～であるように思われる

Ⓑ seem（～のように思われる）

seem to be の用例が非常に多い．後に形容詞の補語が続く場合は，to be は省略されることがある．it seems likely that の用例が比較的多い．appear とほぼ同じように用いられるが，使用頻度は appear よりかなり低い．

◆ seem を用いた推量表現

		用例数
seems to ～	～するように思われる	809
seems to be ～（❶）	～であるように思われる	430
it seems that ～	～であるように思われる	51
it seems likely that ～（❷）	おそらく～であるように思われる	38

❶ Bile duct injury **seems to be** a multistep process.（*Curr Opin Gastroenterol. 2005 21:348*）

訳 胆管障害は，多段階過程であるように思われる

❷ Thus, **it seems likely that** our findings provide a good structural description of the elusive P450-I.（*Proc Natl Acad Sci USA. 2005 102:16563*）

訳 おそらく～のように思われる

第3章

Ⓒ think（～を考える）

受動態で用いられることが圧倒的に多い．特に，thought to *do* の用例が非常に多い．後に形容詞の補語が続く場合は，to be を省略して SVOC の文型の受動態として用いられることもあるが，あまり多くはない．

Ⅳ

◆ think を用いた推量表現

		用例数
thought to ～	～すると考えられる	3,277
thought to be ～	～であると考えられる	1,309
thought to be involved in ～（❶）	～に関与していると考えられる	128
thought to be important	重要であると考えられる	79
it is thought that ～（❷）	～ということが考えられる	74

❶ TGF-β is **thought to be involved in** the maintenance of mammary gland ductal architecture and postlactational involution.（*Cancer Res. 2003 63:3783*）

訳 TGF-βは，～の維持に関与していると考えられる

❷ **It is thought that** PsbU is replaced functionally by PsbP or PsbQ in plant chloroplasts.（*Biochemistry. 2005 44:12214*）

訳 ～ということが考えられる

Ⓓ consider（～を考える）

consider は SVO だけでなく，SVOC の文型でも用いられる．*be*

considered to be ＋名詞句，*be* considered as ＋名詞句，*be* considered ＋名詞句は，ほぼ同じ意味になる．受動態で用いられることが多い．

◆ consider を用いた推量表現

		用例数
considered to ～	～するように考えられる	493
considered to be ～（❶）	～であるように考えられる	344

❶ Streptococcus mutans is considered to be the major etiologic agent of human dental caries. (*Infect Immun. 2004 72:4699*)
訳 ストレプトコッカス・ミュータンスは，ヒトの齲蝕の主要な病原体であると考えられる

E assume（～を推定する/～だと思う）

受動態で用いられることが多い．特に，assumed to，assumed that の用例が多い．

◆ assume を用いた推量表現

		用例数
assumed to ～	～すると推定される	259
assumed to be ～（❶）	～であると推定される	155
assumed that ～（❷）	～ということが推定される	192

❶ Although the Trf cycle is assumed to be the general mechanism for cellular iron uptake, this has not been validated experimentally. (*Nat Genet. 1999 21:396*)
訳 Trf サイクルは，細胞の鉄の取り込みの一般的な機構であると推定される

❷ It has been assumed that PCOS predisposes to endometrial cancer. (*Lancet. 2003 361:1810*)
訳 ～ということが推定されている

F presume（～を推定する/～だと思う）

受動態で用いられることが圧倒的に多い．

◆ presume を用いた推量表現

		用例数
presumed to ～	～すると推定される	199
presumed to be ～（❶）	～であると推定される	92

❶ DNA-binding is presumed to be essential for all nuclear actions of thyroid hormone. (*J Clin Invest. 2003 112:588*)
訳 DNA結合は，甲状腺ホルモンのすべての核作用にとって必須であると推定される

2 推量を表す形容詞/副詞

推量の意味をもつ形容詞/副詞には，likely，possible，probably，presumably，perhaps，possiblyなどがある．副詞は，動詞の前や前置詞の前などに置かれる．

Ⓐ likely（おそらく～であろう）

likelyには形容詞と副詞の両方の用法がある．形容詞としては*be* likely to *do*の用例が多い．副詞としては，likely＋過去分詞あるいはlikely＋動詞の形で用いられる．likely to be＋過去分詞とlikely＋過去分詞，likely to＋原形動詞とlikely＋動詞の用例数はほぼ同数である．一方，more likelyの場合は後ろにtoを伴うことが圧倒的に多い．また，it is likely thatの形でも用いられる．

◆ likelyを用いた推量表現

		用例数
likely to ～	おそらく～するであろう	4,028
likely to be ～	おそらく～であろう	1,497
likely to be involved in ～（❶）	おそらく～に関与しているであろう	99
likely to contribute to ～（❷）	おそらく～に寄与するであろう	82
more likely to ～（❸）	おそらくより～するであろう	1,028
it is likely that ～（❹）	おそらく～ということであろう	294
likely involved in ～（❺）	おそらく～に関与しているであろう	53
likely contributes to ～（❻）	おそらく～に寄与するであろう	75

❶ These postsynaptic inhibitory actions are likely to be involved in the pathophysiology of obstructive sleep apnea. (*Brain Res. 2000 885:262*)
訳 これらのシナプス後抑制作用は，閉塞型睡眠時無呼吸の病態生理におそらく関与しているであろう

❷ Multiple genes are likely to contribute to the evolution of QN resistance.

(*Mol Microbiol. 2004 52:985*)

訳 複数の遺伝子が，QN 耐性の進化におそらく寄与するであろう

❸ Candidemic patients were **more likely to** have a history of underlying renal failure at baseline and to require dialysis at onset of septic shock. (*Crit Care Med. 2002 30:1808*)

訳 カンジダ血症の患者は，根底にある腎不全の病歴をおそらくより持ちそうであった

❹ **It is likely that** the dramatic copper-responsive action of Crr1 occurs at the level of the polypeptide. (*Proc Natl Acad Sci USA. 2005 102:18730*)

訳 ～ということはおそらくありそうである

❺ FA2H is **likely involved in** the formation of myelin 2-hydroxy galactosylceramides and -sulfatides. (*J Biol Chem. 2004 279:48562*)

訳 FA2H は，おそらく～の形成に関与しているであろう

❻ In conclusion, down-regulation of BNIP3 by CpG methylation **likely contributes to** resistance to hypoxia-induced cell death in pancreatic cancer. (*Cancer Res. 2004 64:5338*)

訳 CpG メチル化による BNIP3 の下方制御は，低酸素に誘導される細胞死に対する抵抗性におそらく寄与するであろう

Ⓑ probably（おそらく）

副詞として be 動詞のあとに置かれることが多い．

◆ probably を用いた推量表現

		用例数
… is probably ～	…は，おそらく～である	368
probably due to ～（❶）	おそらく～のせいである	110
probably mediated	おそらく仲介される	39

❶ The loss of function of C844 MERTK is **probably due to** decreased protein stability. (*Invest Ophthalmol Vis Sci. 2004 45:1456*)

訳 C844 MERTK の機能の喪失は，おそらく低下したタンパク質の安定性のせいである

Ⓒ presumably（おそらく）

副詞として前置詞の前などに置かれることが多い．

◆ presumably を用いた推量表現

		用例数
presumably by ～	おそらく～によって	134
presumably because ～（❶）	おそらく～のせいで	84
presumably due to ～	おそらく～のせいで	81

❶ Expression of RecA（Q-124L）protein is toxic to Escherichia coli, presumably because of enhanced affinity for DNA.（*Mol Microbiol. 1999 34:1*）

訳 おそらく DNA に対する増強された親和性のせいで

第3章

D perhaps（おそらく）

副詞として前置詞の前などに置かれることが多い.

◆ perhaps を用いた推量表現

		用例数
perhaps by ～（❶）	おそらく～によって	101

❶ These observations ascribe a new role for Tat in host genomic integrity, perhaps by affecting the expression of genes involved in DNA repair.（*Oncogene. 2004 23:2664*）

訳 おそらく DNA 修復に関与する遺伝子の発現に影響を与えることによって

IV

E possibly（もしかしたら）

副詞として前置詞の前などに置かれることが多い.

◆ possibly を用いた推量表現

		用例数
possibly by ～（❶）	もしかしたら～によって	195
possibly through ～	もしかしたら～によって	127

❶ These results suggest that membrane-associated Rab may regulate recruitment of GDI-Rab from the cytosol, possibly by regulating a GDI-Rab receptor.（*J Biol Chem. 2001 276:8014*）

訳 もしかしたら GDI-Rab 受容体を調節することによって

3 推量を表す助動詞

推量の意味の助動詞には，may や might などがある．これらに関しては，他の助動詞との比較も含めて第１章-Ⅵにまとめてある．

Ⓐ may（かもしれない）

「かもしれない」という意味の助動詞として非常によく用いられる．過去のことを述べる場合は完了形 may have ＋過去分詞を用いる．

◆ may を用いた推量表現

		用例数
may be ～	～であるかもしれない	15,675
may be involved in ～	～に関与しているかもしれない	789
may be important	重要であるかもしれない	740
may contribute to ～	～に寄与するかもしれない	2,136
may have been ～（❶）	～であったかもしれない	205

❶ Although exogenous carcinogens **may have been** important, they probably did not act by causing loss of heterozygosity or ras mutations. (*Gastroenterology. 1996 110:904*)
訳 外来性の発癌物質は重要であったかもしれないけれども

Ⓑ might（かもしれない）

「ひょっとして～かもしれない」という意味の助動詞として用いられる．may よりも低い可能性のときに用いられるが，用例数は圧倒的に少ない．

◆ might を用いた推量表現

		用例数
might be ～	～であるかもしれない	1,830

V. 完了形の種類と用法

完了形は科学論文においても非常に重要な表現法である．特に現在完了は，継続中の研究だけでなく，関連する過去の研究について述べるときや，新しい研究との関連性や連続性を強調したいときに過去形より好んで用いられる．日本語にはないものなので使い方には特に注意が必要であろう．論文で使われる完了形は，主に現在完了のみで，過去完了や未来完了はほとんど用いられない．また，仮定法としての用例もまれである．

1 現在完了

科学論文では，現在完了形が使われることがかなり多い．執筆しているその論文に関係のある過去の研究のことを述べる場合や同じ著者らの現在までの研究に用いられることが多く，その研究内容が論文執筆時点でも有用であるという意味を含んでいる．そのため，継続（ずっと～している），完了・結果（～してしまった），経験（～したことがある）の3つの完了形の意味のうち完了・結果の用例が圧倒的に多い．

論文において，現在完了としてよく用いられる動詞には以下のようなものがある．

◆現在完了形でよく用いられる動詞

		用例数
… have shown ～（❶）	…は，～を示している	2,941
… have identified ～	…は，～を同定した	2,205
… have used ～（❷）	…は，～を使用した	1,687
… have demonstrated ～	…は，～を実証した	1,331
… have developed ～（❸）	…は，～を開発した	1,292
… have examined ～	…は，～を調べた	1,173
… have investigated ～	…は，～を精査した	1,136

… have found ～	…は，～をみつけた	928
… have determined ～	…は，～を決定した	796
… have suggested ～	…は，～を示唆している	744
… has been implicated（❹）	…が関連づけられている	1,418
… have been identified（❺）	…が同定されている	1,341
… have been shown	…が示されている	1,325
… has been proposed（❻）	…が提唱されている	1,024
… has been reported	…が報告されている	800
… has been used	…が使われてきた	674

❶ Previous studies have shown that a loss of Eya 1 function leads to renal agenesis that is a likely result of failure of metanephric induction.（*Dev Biol. 2005 284:323*）

訳 以前の研究は～ということを示している

❷ Here we have used small interfering RNA to investigate the effect of the loss of JAM1 expression on epithelial cell function.（*J Biol Chem. 2005 280:11665*）

訳 われわれは，～を精査するために低分子干渉 RNA を使用した

❸ We have developed a system to examine the development of serotonergic varicosities in the larval CNS.（*Dev Biol. 2005 286:207*）

訳 われわれは，～を調べるシステムを開発した

❹ Overproduction of NO by inducible NO synthase（iNOS）has been implicated in the pathogenesis of many diseases.（*J Immunol. 2005 174:2314*）

訳 誘導型 NO 合成酵素（iNOS）による NO の過剰産生は，多くの疾患の病因に関連づけられている

❺ Mutations in the rds gene have been identified in a variety of human retinal degenerative diseases.（*Biochemistry. 2005 44:4897*）

訳 rds 遺伝子の変異が，さまざまなヒトの網膜変性疾患において同定されている

❻ It has been proposed that this interaction is essential for immunological synapse formation and T cell activation.（*J Immunol. 2005 175:270*）

訳 ～ということが提唱されている

科学論文における完了形は，完了・結果以外にも継続の意味で用いられることがしばしばある．この場合，文中に since（～以来）（❼）など

の期間を示す単語が含まれることが多い.

❼ Since the discovery of the hepatitis C virus over 15 years ago, scientists have raced to develop diagnostics, study the virus and find new therapies. (*Nature. 2005 436:933*)

訳 15 年以上前の C 型肝炎ウイルスの発見以来，科学者たちは診断学を発展させ，そのウイルスを研究し，そして新しい治療法をみつけようと競ってきた

第3章

2 過去完了

科学論文においては，過去完了が使われることはほとんどないが，過去のある時点におけるさらに過去のできごとを述べるときに使われることがある.

◆過去完了形でよく用いられる動詞		用例数
… had received ～（❶）	…は，～を受けた	226
… had undergone ～	…は，～を起こした	181

V

❶ We assessed the rate of bone marrow failure in patients with prostate cancer who had received a dose of strontium-89. (*J Clin Oncol. 2005 23:7904*)

訳 われわれは，1 回のストロンチウム 89 投与を受けた前立腺癌の患者における骨髄機能不全の割合を評価した

Column コラム 1

「名詞の王様role」の使い方

論文で最もよく使われる名詞の1つがroleであるが，roleの用法には以下に示すような際立った特徴がある．roleは，後ろにin，forあるいはofを伴う用例が非常に多い．inは「～において」，forとofは「～の」という意味をもつが，このときrole inとrole forに対して用いられる冠詞は圧倒的に不定冠詞（aかan）が多い．逆に，role ofに対しては下に示すように，aが用いられることもあるが，theの用例の方がはるかに多い．

◆ roleの用法と用いられる冠詞の組合わせ

	用例数
a ～ role in	10,412
the ～ role in	99
a ～ role for	5,157
the ～ role for	126
the ～ role of	10,949
a ～ role of	1,004

★ roleのパターンと動詞の組合わせ

また，これらのa ～ role ofとthe ～ role ofのパターンに用いられる動詞も使い分けがだいたい決まっている．the ～ role ofに対しては，investigate，examine，determine，study，understand，assess，evaluate，elucidate，explore，address，test，clarify，characterize，analyzeなどが用いられる．a ～ role inに対しては，playが用いられることが非常に多く，haveが用いられることもある．一方，a ～ role forに対してはsuggest，support，demonstrate，indicate，reveal，establishの用例が多い．suggestには，a ～ role ofが用いられることもある．

◆ role とともに用いられる動詞

（数字：用例数）

		a ～ role in	a ～ role for	the ～ role of	a ～ role of
play	果たす	4,519（❶）	15	10	3
have	もつ	603	4	4	1
suggest	示唆する	20	672	7	89
support	支持する	2	390	66	43
demonstrate	実証する	2	258（❷）	64	38
indicate	示す	7	150	7	27
reveal	明らかにする	0	106	9	26
establish	確立する	1	86	37	12
identify	同定する	0	71	16	8
define	定義する	1	53	159	2
investigate	精査する	0	11	645（❸）	6
determine	決定する	0	8	410	1
examine	調べる	0	2	382	2
study	研究する	0	2	298	2
understand	理解する	0	0	213	0
assess	評価する	0	3	200	0
evaluate	評価する	0	3	158	1
elucidate	明らかにする	0	10	136	1
explore	探索する	0	7	135	0
address	取り組む	0	0	129	2
test	テストする	0	1	90	0
clarify	明らかにする	0	0	84	0
characterize	特徴づける	0	4	66	0
analyze	分析する	0	0	52	1

❶ E2F transcription factors **play an important role in** the regulation of cell cycle progression. (*Eur J Biochem. 2002 269:5030*)
訳 E2F 転写因子は，細胞周期進行の調節において重要な役割を果たす

❷ Here we **demonstrate a novel role for** XIAP in the control of intracellular copper levels. (*EMBO J. 2004 23:244*)
訳 われわれは，細胞内銅レベルの調節における XIAP の新規の役割を実証する

❸ In this study, we **investigated the potential role of** kallistatin in angiogenesis *in vitro* and *in vivo*. (*Blood. 2002 100:3245*)

訳 われわれは，血管新生におけるカリスタチンの潜在的な役割を精査した

★ role のパターンと形容詞の組合わせ

role の前に用いられる形容詞にもある傾向がみられる．important, critical, key, central, essential, major, crucial, significant, pivotal, fundamental, prominent は，role in の前に用いられることが多い．一方，novel, new は，role for の前に用いられることが非常に多い．biological, precise は，role of の前に用いられることが非常に多い．また，role in とともに用いられる形容詞の多くは，頻度はやや低いが role for や role of にも使われる．direct, regulatory, specific, potential, functional, physiological, possible は，role in, role for, role of のいずれのパターンにもよく用いられるという傾向がある．

◆ role とともに用いられる形容詞

（数字：用例数）

		role in	role for	role of
important	重要な	3,101	433	187
critical	決定的な	1,354	266	205
key	鍵となる	826	112	64
central	中心的な	616	89	90
essential	必須の	574	156	130
major	主要な	569	59	40
crucial	決定的な	416	50	48
significant	重要な	390	40	18
pivotal	中心的な	323	36	31
fundamental	基本的な	82	15	5
prominent	卓越した	85	23	11
novel	新規の	24	252	53
new	新しい	3	84	19
biological	生物学的な	11	20	75
precise	正確な	19	2	75
direct	直接の	181	100	51
regulatory	調節性の	160	76	66

		role in	role for	role of
specific	特異的な	57	80	64
potential	潜在的な	122	163	304
functional	機能的な	105	132	246
physiological	生理学的な	48	51	149
possible	可能な	71	148	205

このようにroleは，あとに続く前置詞によって使い方が規定されてくる．このパターンを習得しておくと論文執筆に非常に役に立つであろう．同じような使い分けのパターンは他のさまざまな名詞にもみられるが，roleのように明確な冠詞の使い分けの法則は，残念ながら他の名詞にはあまり当てはまらないようである．

（河本　健）

Column
コラム 2

覚えておくと便利な冠詞のパターン

冠詞は名詞を修飾するものであるが，その使い方は日本人には非常にやっかいな問題である．一般に定冠詞（the）はその状況に合うものが1つしかないときに用い，いくつかの可能性があるうちの1つを意図する場合は不定冠詞（a または an）を使用する．しかし現実には，個々の場面に応じて a か the かを判断しなければならずなかなか大変である．ところがさまざまな理由から，コラム1で述べた role のように前後の前置詞や動詞の組合わせによって，用いられる冠詞がほとんど決まってしまう場合がある．そこでこのようなパターンを習得しておくと，執筆の際の冠詞の選択に関する悩みが大いに軽減されるであろう．以下に，そのような例を示す．

★ 主として定冠詞が用いられるパターン

下のような表現では定冠詞が用いられ，無冠詞あるいは不定冠詞が用いられることは非常に少ない．原則として多い方を使うべきである．

◆定冠詞が用いられる表現例

（数字：用例数）

role of			
investigated the role of ～ ～の役割を精査した	524	investigated a role of ～	0
examined the role of ～ ～の役割を調べた	432	examined a role of ～	1
assess the role of ～ ～の役割を評価する	184	assess a role of ～	0
hypothesis			
support the hypothesis that ～ ～という仮説を支持する	891	support a hypothesis that ～	12
to test the hypothesis that ～ ～という仮説をテストするために	512	to test a hypothesis that ～	1
effect			
examined the effect of ～	449	examined an effect of ～	0

～の影響を調べた			
investigated the effect of ～ ～の影響を精査した	295	investigated an effect of ～	1
to determine the effect of ～ ～の影響を決定するために	205	to determine an effect of ～	0
presence			
revealed the presence of ～ ～の存在を明らかにした	351	revealed presence of ～	0
demonstrated the presence of ～ ～の存在を実証した	156	demonstrated presence of ～	5
confirmed the presence of ～ ～の存在を確認した	155	confirmed presence of ～	2
possibility			
raise the possibility that ～ ～という可能性を示唆する	316	raise a possibility that ～	0
identification			
report the identification of ～ ～の同定を報告する	291	report an identification of ～	0
led to the identification of ～ ～の同定につながった	211	led to identification of ～	21
isolation			
report the isolation 単離を報告する	174	report isolation	4
potential			
has the potential to ～ ～する能力をもつ	289	has potential to ～	11
ability			
examined the ability of ～ ～の能力を調べた	181	examined an ability of ～	0
retained the ability to ～ ～する能力を保持する	98	retained an ability to ～	2
expression			
examined the expression of ～ ～の発現を調べた	137	examined expression of ～	20
concept			
support the concept that ～ ～という概念を支持する	156	support a concept that ～	0
results			
report the results of ～	142	report results of ～	17

〜の結果を報告する	
risk	
increase the risk of 〜 129 〜のリスクを増大させる	increase risk of 〜 16
existence	
suggest the existence of 〜 129 〜の存在を示唆する	suggest existence of 〜 0
idea	
support the idea that 〜 183 〜という考えを支持する	support an idea that 〜 0
notion	
support the notion that 〜 174 〜という考えを支持する	support a notion that 〜 1
view	
support the view that 〜 128 〜という見解を支持する	support a view that 〜 1
conclusion	
support the conclusion that 〜 125 〜という結論を支持する	support a conclusion that 〜 2
structure	
determined the crystal structure of 〜 144 〜の結晶構造を決定した	determined crystal structure of 〜 15
mechanism	
to understand the mechanism 119 機構を理解するために	to understand a mechanism 0
to elucidate the mechanism 103 機構を明らかにするために	to elucidate a mechanism 1
importance	
demonstrate the importance of 〜 116 〜の重要性を実証する	demonstrate importance of 〜 0
relationship	
examined the relationship between 〜 81 〜の間の関係を調べた	examined a relationship between 〜 0

★ 主として無冠詞あるいは不定冠詞が用いられるパターン

以下のような表現では，もっぱら不定冠詞が用いられる，あるいは evidence のように無冠詞で用いられ，定冠詞が使われることはまれである．もちろん，多い方を使わなくてはならない．

◆無冠詞あるいは不定冠詞が用いられる表現例

（数字：用例数）

role in			
play a role in ～ ～において役割を果たす	2,124	play the role in ～	1
play an important role in ～ ～において重要な役割を果たす	1,441	play the important role in ～	1
plays a critical role in ～ ～において決定的な役割を果たす	709	plays the critical role in ～	0
has a role in ～ 役割を担う	160	has the role in ～	0
have an important role in ～ 重要な役割を担う	93	have the important role in ～	0
role for			
suggest a role for ～ ～の役割を示唆する	333	suggest the role for ～	0
demonstrate a role for ～ ～の役割を実証する	109	demonstrate the role for ～	0
model			
support a model in which ～ ～であるモデルを支持する	307	support the model in which ～	1
suggest a model in which ～ ～であるモデルを示唆する	118	suggest the model in which ～	0
protein			
encodes a protein タンパク質をコードする	360	encodes the protein	9
increase			
caused an increase in ～ ～の増大を引き起こした	151	caused the increase in ～	0
showed an increase in ～ ～の増大を示した	96	showed the increase in ～	0
complex			
forms a complex with ～ ～と複合体を形成する	105	forms the complex with ～	0

method			
developed a method 方法を開発した	108	developed the method	0
evidence			
provide evidence that ～ ～という証拠を提供する	1,225	provide the evidence that ～	2
provide evidence for ～ ～の証拠を提供する	474	provide the evidence for ～	1
present evidence that ～ ～という証拠を提示する	476	present the evidence that ～	1
insight			
to gain insight into ～ ～への洞察を得るために	284	to gain the insight into ～	0

（河本　健）

Column コラム3 冠詞を監視する

★ 冠詞に無関心な日本人

英語の冠詞は，日本人学習者を悩ませていることはよく知られている．あるいは，むしろ悩まされているのは，日本人の冠詞への無関心から生じる，明瞭な意味を欠き曖昧さを含んだ，時には意味不明の日本人英語に遭遇する，英語を母語とするネイティブスピーカー達かもしれない．日本人英語学習者は英語を書く必要に迫られるときを除いて，普段英文を読む場合には冠詞の用法に特に関心を払うことなく，むしろ適当にやり過ごしている場合が多い．日本の大学で長年教鞭を執る私の友人（イギリス人）は，日本人の冠詞の無節操な使用が，正確な意味伝達に大きく支障をきたしている，と断言する．確かに，冠詞は，英語教育の現場で丁寧に扱われることがあまりないように思う．せいぜい，「既出のもの，特定のもの（only one）を指し示すときには定冠詞（the）を使う．初出のもの，不特定のもの（one of many）に言及するときには，単数であれば不定冠詞（a/an）を使う」という類の解説が定番であるように想像する．実際に，一見よく似た英文で，ある特定の名詞が無冠詞で出現していたり，あるいは不定冠詞付であったり，また時には定冠詞付であったりして，戸惑う学習者は多い．

冠詞は，名詞の単数・複数の概念とも密接に関連している．しかしながら，日本語では，通常，名詞の数の概念は重要ではなく，次のような日本語がごく自然に使われる．

①「昨日友達が京都に訪ねてきたので，一緒に名刹を訪ねて歩いた」

②「昨日友達が京都に集ったので，一緒に名刹を訪ねた」

上記例文では，友達・名刹という名詞がいずれも使われているが，①では，友達の数は不明で，名刹の数については，後続の「訪ねて歩いた」が複数を連想させる．一方②では，友達の数は，「集った」

という表現で，複数であることが読み取れるが，名刹の数については不明である．それぞれ，友達や名刹の数は不明であっても，これらの日本語表現に遭遇して文句をつける日本人はいない．このように，日本語では，名詞の単数・複数をほとんど意識することなく過ごしているのが実情であるので，英語の世界に入ると大きな意識改革が迫られる．

★ 海を渡った「芸者」の悲劇

その証拠に，海を渡った「芸者」の苦労・悲劇を知るとよい．と言っても，実際に海外に渡った芸者の苦労話を紹介するということではなく，この言葉が英語世界に移入された途端に，日本語における振る舞いを捨てることを強要されるという話である．

以下は，英文の中に出現した英単語 geisha の実例である．

③ **Many geisha** used it as a face cream in those days, because it was believed to be very good for the skin; but it was so expensive that Hatsumomo put only a few dots around her eyes and mouth....

Two younger men stood to one side of him; **a geisha** stood to the other. I heard **the geisha** say to him quietly: "Why, she's only a maid! Probably she stubbed her toe while running an errand. I'm sure someone will come along to help her soon."（*Memoirs of a Geisha by Arthur Golden* より）

④ **Geishas** entertain visitors at teahouses called o-chaya that are located near these areas. The o-chaya is not a shop that serves only tea or coffee, but rather a sort of banquet hall where rooms can be rented for dinner parties. It is usually a small Japanese style house with tatami（wooden）floors and Japanese style gardens. O-chayas

are often where young **Geishas** live and work.
(http://www.asianartmall.com/geishaarticle.htm より)

上記③は，日本でも，翻訳本と映画の両方で評判になった『さゆり』の英文原本に登場した geisha である．geisha は可算名詞として位置づけられ，しかも単数・複数同形の扱いを受けているのが読み取れる．「(不特定の一人の）芸者」は，a geisha であり，「(特定のその）芸者」は the geisha であり，「(多くの）芸者」は many geisha である．④は，インターネット上のホームページの英文であるが，こちらでは，「(複数の）芸者」は Geishas として表記され，英語の複数可算名詞の通常の規則に従って geisha＋s で表記されている．geisha は，日本語の「芸者」からの外来語であるので，単数・複数同形扱いにするのか，あるいは，＋s として複数扱いとするのか，取り扱いが多少揺れているようである．

一般的に，日本語・日本文化に造詣が深い人の場合は，geishas という表現には抵抗があるのではないかと想像されるが，それでも，いずれにせよ geisha は英語の世界では，可算名詞の振る舞いを求められる．すなわち，「不特定の一人の芸者」の場合は，必ず直前に不定冠詞（a）が付随し，決して，I know geisha who speaks English. のような英語は許されない．まさに，「芸者」の悲劇である．海を渡った途端に，「芸者」は単数・複数にかかわりなく「芸者」である，という古くからの日本(語)的な振る舞いを許されないのである．

★ 悩ましい「友達」の英訳

そういうわけで，冒頭で紹介した日本語「昨日友達が京都に訪ねてきたので，一緒に名刹を訪ねて歩いた」の英訳を求められた場合，英語のネイティブスピーカーなら「できません」というのが率直な返答である．英語で表現するための決定的な情報（名詞の単数・複数）が欠落しているからである．「友達が訪ねてきた」という，一見単純な表現ですら，英文に直すとなると非常に複雑な問題を抱えているのである．冠詞の有無，単数・複数の別という観点からすると，元の日本文の前半部分については，以下のような英文生成が考えられる．

（ア）A friend came to see me in Kyoto yesterday.
（イ）Friends came to see me in Kyoto yesterday.
（ウ）The friend came to see me in Kyoto yesterday.
（エ）The friends came to see me in Kyoto yesterday.
（オ）Friend came to see me in Kyoto yesterday.

あるいは，My friend came to see me. という英文を生成する日本人も多いと想像されるが，マーク・ピーターセン著『続日本人の英語』（岩波書店）に詳述されている通り，ここで不用意に my friend を使うと，「私には友達が一人しかいません」という意味が含意される．さらに，聞き手には，ひょっとしたら「あなたは私の友達ではありません」ということを暗に伝えることにもなりかねない．この英文は，日本人には違和感なく受け入れられるであろうが，実は非常に耳障りが悪く，落ち着きの悪い英文である．

上記のうちで，（オ）は英語の厳しい文法規則（無冠詞＋可算名詞単数形は通常不可）からは，即刻却下となる．（ウ），（エ）は，既出（話題のなかですでに言及済み）の「友達」ではなさそうなので，「その（それらの）友達」という表現と同等になるので，奇異な英文である．となると，（ア）と（イ）が選択肢として残り，これらはいずれも正解である．くれぐれも，What did you do over the week-end? などと尋ねられたときに，I went fishing with my friend. のような含意のある，時として誤解を招く英語は生成しないことである．不定冠詞＋単数名詞，あるいは無冠詞＋複数名詞を状況に応じて適切に使い分けることに慣れることが肝要である．

★ 数への無関心が生む誤解

英語学習の入門期に，I like apples. に類した英文に遭遇する機会が必ずあるはずだが，「私はリンゴが好きです」という意味であると合点するだけで，I like an apple. との差異は気に留めることはない．

その延長線上で，次のような対話が成立する．

太郎：What is your hobby?（あなたの趣味は何ですか？）
花子：I like to read a book.（私は本を読むのが好きです．）

上記の対話の日本語訳を読む限り，この対話は特に不自然には響かない．しかしながら，いずれの英語も奇異な印象を与える．まず，your hobby という言葉から，「あなたの趣味は 1 つ」と決め付けて質問していることになる．数の概念に無頓着な日本語から生成された英語の典型である．通常，What are your hobbies? と尋ねるはずである．また返答の文では，a book が実に意味深長な表現に聞こえることを，日本語訳からは読み取れない．厳密に訳出すると，I like to read a book. は「私は，ある 1 冊の本を読むのが好きです」となるはずだ．この日本語を聞けば，次にくる太郎の台詞は，Ah, you like reading.（ああ，あなたは読書が好きなんですね．）とはならず，What is the book? Tell me about the special book you like so much.（その 1 冊の本って何ですか？　あなたがそれほど好きなその特別な本のことを教えてください．）という具合に対話は流れていくだろう．I like to read books. とか，あるいは簡潔に I like reading. と返答していれば，この対話では無用な興味や関心を聞き手の側に引き起こすことはない．

冠詞の有無・種類，名詞の単数と複数の違いは意味の大きな相違を生じるということを，これらのいかにも単純にみえる英文は教えてくれている．しかしながら，残念なことに，それらの英文が，英語学習の入門期に英語の冠詞・単数・複数に敏感になる，という啓蒙の文章として受け止められることはないのが現実である．これらの日本語と英語の間にある表現形式の差異は，日本人には通常あまり強く意識されない問題であり，また英語の表現に対応する適切な日本語の表現形式もない場合が多いので，日本人英語学習者には問題にされずに済んでいるのは無理もないと言える．しかしながら，これは英語の基本を学ぶという観点からは，非常に重要な問題であり，看過されてはならない．冠詞・単数・複数概念に対する意識の欠如は，後々不都合な英文生成の元凶になりかねないので，是非とも目覚めのときを迎え，冠詞を監視する姿勢をもちたいものである．

★ 不都合な「リンゴ達」

先に紹介したように，日本語では通常名詞の数にこだわることがないから，「友達」が一人であるのか，複数であるのか問題にならない．本来，「達」は複数を意味していると思われるから，複数の友人を想像してもよいように思うが，日本語の世界ではこの場合複数であるとは限らない．「私」と「私達」の区別は厳然としてあるが，「友」と「友達」の場合は，数の区別は必ずしも厳密ではない．同様に，「子供」という言葉も，適当に単数複数構わず使われる．もちろん，複数であることを明確にするときには，「子供達」という言葉を使うことができるが，先に紹介した「リンゴ」の場合は，「リンゴ達」という表現が許されないので，apples の和訳の作業は厄介極まりない．

私は，学生諸君には英語の真髄に触れてほしい，という英語教師としての使命感から，半ば本気で「リンゴ達」と訳すのが望ましいと指導することがある．心ある学生諸君からは支持を獲得することもあるが，残念ながら「妙な日本語を唱導している」と冷たい眼差しを感じることもある．「リンゴ達」は，擬人的な表現としてひょっとして可愛らしいという印象を与え許容されることがあるかもしれないが，英語の複数名詞にことごとく「達」を付けて，「desks ＝机達」「bags ＝カバン達」「schools ＝学校達」などと指導を徹底すると，私自身の職業上の不利益を招く結果につながりかねないので，適当に妥協をせねばと思ってはいる．『広辞苑』（岩波書店）によると，「達」は「古くは主として神または貴人だけに用いられた」と解説がある．いたずらに，「達」の使用を推進するのは，やはり考えものである．「共」･「ら」も，「達」と同様，名詞に付けられて複数を意味するので，今後は「机共・カバン共・学校共」「机ら・カバンら・学校ら」という具合に，複数名詞の訳語には，「共・ら」を付記する運動をしたいところである．ところが，「共」には「謙譲，見下しの意味が加わることが多い」，と先の国語辞典には解説がある．英語のなかの複数名詞（ら）を，それ（ら）に対応する日本語に訳出することがいかに難しいか，言い換えれば英語のネイティブスピーカー達の名詞に対する意識を感じ取ることがいかに難しいか，言葉の学習の奥行きの深さを，英語の冠詞・名詞の単数・複数の用法を学習するなかで再認識したいものである．

★ 数を厳密に表現しようとする英語

次の英文は，ポッドキャストから流れてきた英語を書き取ったものである．

> Between 5 to 10% of American children suffer from **migraine headaches** and **the numbers** climb throughout adolescence and young adulthood. While **the exact cause or causes** of migraines is not completely understood, doctors think it's a combination of nerve pain and chemicals in the brain that cause blood vessels to become inflamed...
>
> (*ABC News Medical Minute 05-01-07 : Adolescent Migraines*)

赤字部分がいかにも数を厳密に表現しようとする英語特有の表現である．migraine headaches という表現から，「片頭痛は繰り返し体験されるのが通常なので単数表記ではなく複数になっている」，the numbers という表現から「直前に出てきた，5 と 10 という特定の複数の数値（パーセンテージ）」を，そして the exact cause or causes という表現から，片頭痛の「1 つまたは複数の特定の原因」が話題になっていることが正確に伝わってくる．また，その原因が 1 つであるのか，あるいは複数あるのかも含めて，定かでない，という意味も伝わってくる．元の英文で伝えられているこれらの情報をあまり意識することなく，日本語訳を試みると，おそらく「片頭痛」「(罹患者) 数」「(片頭痛の) 原因（は，まだよくわかっていないが，…)」となるであろう．このように，日本語表現と英語表現の間にある際立った違いに注目すると，元の英文の心（微細ながら重要な情報）をそのまま感じ取ることがいかに重要であるかよくわかる．

★ a number of に学ぶ不定冠詞 a の心

実は，不定冠詞 a/an の学習については，絶好の機会を逸していると思われる英語表現がある．それは，a number of という表現である．この表現は，残念ながら「多数の」という意味で，決まり文句のように学習されているようである．次の英文を和訳課題として，実際に，日本人大学生に提示し調査したことがある．

Mr. Smith has written **a number of** articles in the local newspaper.

詳しい統計値を示すことはしないが，ほとんどの学生が上記赤字部分を「多くの記事」と訳出した．多くの日本人学習者は，a number of ＝「多数の」であると，成句のごとく理解（誤解）していることが裏づけられたことになる．手元にあるいくつかの英英辞典を調べると，a number of の解説・定義として，some/several と同じ意味である，と明確に記載がある．一方，学習辞典として定評のある『ジーニアス英和辞典』（大修館書店）では，「(漠然とした）多数の…；若干数の…」という訳語・解説があり，次の英文と対訳を載せており，くれぐれも誤解のないようにという配慮が伺える．

A *number* of passengers were injured in the accident.
多く［いくらか］の乗客がその事故で負傷した

しかしながら，学習者の辞書活用力の不足と，英語と日本語を 1 対 1 の訳語関係で覚えることで学習効率を上げようとする習慣と，あるいは，教科書など学習教材の注釈が，特定の文脈上相応しい訳語として「多数の」を記載している可能性があること，などなど複雑な要因が絡み合って，日本人英語学習者の多くに，a number of ＝「多数の」という等式が定着しているようである．本来，a number of は，不定冠詞 a の意味通り解釈すると，「ある不特定の数の」という意味であり，多数も少数も含意される．英和辞書や学習教材などでは，おそらく便宜上「多数の」と書いてあるのである．はっきりした対応する日本語の訳語を求めている入門期の学習者に，「a number of は，ある不特定の数の～，という意味です．その数は文脈などに左右されます」と解説するのは，無用の（本当は有用なのだが）不安を掻き立てることになるかもしれない．とは言え，やはり英英辞典で示されている定義通り「a number of = some, several」と理解しておくべきである．だからこそ，「多数」であることを明確に伝えたいときには，a large/great number of という表現が使われ，「ごく少数」であることを伝えたいときには，a small number of という表現が使われるのである．

図1は，英語を母国語とする研究者らの英文からなる LSDmini コーパスを利用して得た，a number of という英語表現のコンコーダンス〔検索語（句）を中心に，前後の文脈を提示したリスト〕の一部である．

```
30 ...      Beta-lapachone (beta-lap) affects a number of enzymes in vitro, including t...
31 ...-assisted technique was found to afford a number of important advantages, includi...
32 ...nce of our biclustering methods against a number of reasonable benchmarks Åie.g., ...
33 ...                               Although a number of defects in the immune system ...
34 ...                               Although a number of different strategies for labe...
35 ...                               Although a number of genetic conditions have been ...
```

図1 ● LSDmini コーパスを利用した a number of のコンコーダンスの一部

これらの英語表現に遭遇して，「多くの～」と解釈している日本人学習者が，少なからずいるのではないかと懸念される．図1の英文が伝えているのは，おそらく，「単数ではないある数の（いくつかの）～」であると思われるが，日本人の読み手が，「多数の～」と解釈していれば，それは大きな誤解である．日本人が a number of という表現を使う場合には，この語感のズレに特に注意しなければならない．

ここまで述べてきたことを要約すると，「冠詞を意識の監視下に置くことが重要である」ということに尽きる．次に冠詞の監視作業の格好の素材として，日本人には馴染み深い昔話の冒頭を取り上げ，この作業の楽しさの一端を紹介しておきたい．

★ ある所に，おじいさんとおばあさんはいました？

「昔々，ある所に，おじいさんとおばあさんがいました．
おじいさんは，山へ柴刈りに…」

上記は，日本人には馴染み深い昔話の冒頭部分である．この日本語の英訳を試みると次のようになる．

Once upon a time, there lived an old man and woman in a mountain village. The man went into the mountains to fetch firewood ....

面白いことに，日本語文では「ある所に」は不定冠詞の概念が感じられるが，「おじいさん」については，初出でも二度目の出現であっても，構わずに「おじいさん」となっており，表現上の違いはない．英語訳では，「ある所」は，不特定の場所であり，初出なので，日本語の表現「ある」＋「所」を直訳したような英語 a mountain village となる．また，初出の「おじいさん」は an old man となり，二度目に出現した「おじいさん」は，特定されるので the man と定冠詞付きで表現される．

実は，ここで取り上げた英文パターン there lived であるが，類似パターンとして there is / there seem(s) to be などがあげられ，論文では，これらは頻出である．ただし，これらの英文パターンに共通する不文律については十分理解されていないようであり，日本人が時折不用意に使って間違いを犯す表現である．これらの表現は，未知のものの導入表現として使われるので，there is the old man という類いの表現，すなわち，定冠詞付きの名詞が there live(d)/is/seem(s) to be などの直後に来ることは通常ない．残念ながら，この決まりごとを理解していない日本人学習者は結構多いようである．「昔々，ある所に，おじいさんとおばあさんはいました」が，微妙に違和感を覚える日本語表現であるのと同様に，There is the ～という英文は微妙に落ち着きの悪い表現であり，英語論文ではあまり使われない表現である．**図2**は，日本人英文コーパスから there is the を検索語句として，コンコーダンスを抽出したものである（ちなみに，LSDmini コーパスからは用例は 1 例も検出されなかった）．いずれもあまり推奨される英語表現ではなさそうである．There is で始まる文章は，冠詞のセンスが問われる代表的な表現であることを再確認しておきたい．

```
7  ... effect on her bone mineral content and there is the danger that this might const...
8  ...la cases are inapparent infections, and there is the very real potential for such...
9  ...d postoperative disturbance is mild but there is the need for requiring further e...
10 ...                 In the days to come, there is the need to improve this approac...
11 ...                        Furthermore, there is the possibility that soluble fac...
12 ...                           However, there is the possibility that one epitope...
13 ... of p-ANCA related vasculitis, however, there is the possibility of cerebral infa...
14 ...r, and more than 0.5 mm for the latter, there is the danger of excessively streng...
15 ...-dihydroxycholecalciferol in the liver, there is the possibility that the former ...
16 ...if the recurrence is in only one organ, there is the possibility of achieving eff...
17 ...rt of NAE with Roth's spots previously, there is the possibility that Roth's spot...
18 ...                           Recently there is the hypothesis proposing that is...
```

図 2 ● 日本人英文コーパスを利用した there is the のコンコーダンス

また，図 2 のなかに，there is the possibility の用例がいくつか含まれているが，この表現は，定冠詞を不定冠詞に変更して，there is a possibility にすればよい，というわけではないので注意が必要である．表 1 が示す通り，LSDmini コーパスでは，there is a possibility という表現は，1 件しか検出されない．英語論文では，日本語の「可能性がある」に相当する表現は，raise the possibility (that)（～であるという可能性を示唆する）で表されるのが定番である．

表 1 ● there is a/the possibility の頻度比較

	LSDmini コーパス	日本人英文コーパス
there is a possibility	1	98
there is the possibility	0	12

★ なぜか "the" を多用する日本人

「日本人と英語の冠詞」という観点から，もう 1 つどうしても取り上げておかねばならないことがある．それは，日本人英語学習者は，やたら定冠詞を使う傾向がある，ということである．冠詞が不得手の場合は，定冠詞と不定冠詞の種類を問わず，冠詞そのものを敬遠し省略するのかと想像されるが，どうもそうではないらしいことが日本人英文コーパスの分析からみえてくる．

表2は，increase，decrease，reduction それぞれの単語の直前3語以内に出現した冠詞の頻度数を示したものである．共通している点は，いずれの場合も，英語のネイティブスピーカーに比べて，日本人は明らかに定冠詞を多用しているということである（逆に不定冠詞の使用は少ない）．実態の解明には内容を精査する必要があるが，次のような理由が類推される．これらの名詞が直後の句（形容詞句）によって後方から修飾された場合，日本人は不定冠詞を使うのを避け，定冠詞を使う傾向があるのではないかと思われる．直後に修飾語句が来ることで，これらの名詞は限定され特定されることになるので定冠詞が使われる，という思い込みと関係がありそうである．**図3**は，LSDmini コーパスから抽出した reduction のコンコーダンスの一部である．直後に修飾語句が後置されていても，不定冠詞が使われている例として参考になるはずである．

表2 ● 用例1千のうち，不定冠詞・定冠詞の頻度数比較

		LSDmini コーパス	日本人英文コーパス
increase	an/a	435	325
	the	168	251
decrease	a	524	378
	the	129	205
reduction	a	376	219
	the	183	265

```
...                                           A reduction in the size of the large subs...
...                                           A reduction in the transmural extent of h...
...                              There was also a reduction in the percentage of patients...
...ing the 1999-2000 season [P<0.001]' and a reduction in the risk of death from all...
... DDIA-treated cells is partly caused by a reduction in the amount of replication ...
...y-1 antibody, and this was confirmed by a reduction in the number of cells expres...
...s' anatomic variability as evidenced by a reduction in the number of MR pixels wi...
...oscopy of thick tumor sections revealed a reduction in the density and arborizati...
...ile the four other genes failed to show a reduction in heterozygosity in the Sex-...
...roader than those of wild type and show a reduction in the number of internal cel...
```

図3 ● LSDminiコーパスを利用した a reduction のコンコーダンス

定冠詞多用の理由としてもう1つ考えられることは，the を使うこ

とで，直後の名詞の独自性を強調できるという意識が働いているかもしれないということである．以前，私の家の近所で，ごく普通の街角の小さい薬局に，「ここが有名な○○薬局」と大書された，ひと際目立つ色彩の特大看板が突如として出現したことがあった．英語の世界で言えば，さしずめ「ザ○○薬局」という表現に変わるのだろうか，と思いながら，店主の自己主張・宣伝戦略に思いを馳せ，複雑な心境で眺めたことを記憶している．その後京都の街中で，「ザ○○屋」と奇妙な看板に遭遇し，定冠詞の乱用だと思いつつ，「the」を冠にかぶせることができる店を目指す（？）経営者の心意気を思うと，提供されている商品を試し・評価してみたいという妙な心理が働いた．「the」の魔力にまんまと引っかかった次第である．今では，この「ザ○○」に出会うことはそう珍しいことではなく，いちいち敏感に反応し，驚いてもいられなくなった．この風潮は，ひょっとしたら，英語の定冠詞（the）は独自性の主張であり，格好よいという意識が日本人のなかにあって，そこから生まれているのかもしれない．

定冠詞は，自他ともに認める（特に他も認めるが大事だが），唯一・独自でなければならず，世間一般に認識・認知されていない状況で，独断的・独善的に，the の用法が許されるわけではないことを確認しておくことが重要である．生物クローンという最先端分野で，「羊」と言えば，世界初の哺乳動物クローン「ドリー」という認識が浸透している．だからこそ，Dolly に言及される英文では，以下のような表現が定番となっているのである．格好がよいから定冠詞を使うという無節操は許されない．

The most common method used is the same procedure that produced **Dolly the sheep**, the first mammal to be cloned. Scientists remove the DNA material from any cell in the animal they wish to clone (usually a skin cell) and place it into an egg that has had its own DNA removed.

（*Key Questions: Cloned Food at the Supermarket, Time Online, 12-29-2006* より）

上記のような他人からの評価・認知とは別に，単純に，客観的に「それ」と特定できるので，初出でありながら，the が使われる事例もある．それは，majority という単語である．majority は minority と対比的に使われる語であるが，前者は直感的に the と親和性が高く，後者は，a と親和性が高いと思われる．majority は「大多数・大部分」だから，集団として，ある 1 つのグループを特定できるので，定冠詞が使われ the majority としての出現が多いと想像できる．一方，minority は「少数」だから，1 つの集団を二分した場合を除いて，複数の「少数」グループの存在が考えられるので，minority の集団は特定できず，不定冠詞が直前に使われ，a minority の頻度が高いと想像できる．実際に，LSD コーパスを調べてみると，この推論は統計的に支持される．もちろん，これは便宜上の大まかな説明であるので，a majority や the minority が使われることはない，と結論するものではない．**図 4** は，LSDmini コーパスから抽出した the majority の用例の一部である．標準的な用法として参考になると思われる．

```
110 ...wo lobes, with the S1 segment composing the majority of lobe 1 and the S2 segment...
111 ...rocytes and microglia, which constitute the majority of infected CNS cells, IFN-g...
112 ...d by lack of CD28 expression, contained the majority of RM CMV-specific cells, wa...
113 ...the C. breweri flower, petals contained the majority of BEAT transcripts, and no ...
114 ...hed for engraftment potential contained the majority of high proliferative potent...
115 ...a-PAK into two peptides; 1-212 contains the majority of the regulatory domain whe...
116 ...etween amino acids 168 and 263 contains the majority of the repressor activity.  ...
117 ...                           In contrast, the majority of genes that were decreased...
118 ...                           In contrast, the majority of the sigmaK was associated...
119 ...lling, Bala was the parent contributing the majority of positive alleles whilst f...
120 ... indicate that throughout a daily cycle the majority of the dCLK present in adult...
```

図 4 ● LSDminiコーパスを利用した the majority のコンコーダンス

以上，さまざまな例を通して冠詞の重要性を述べてきたが，冠詞を意識の監視下に置くことを習慣化することが，非常に重要であることを再確認したいものである．

（大武　博）

Column コラム 4

前置詞に弱い日本人

★ 実は難しい"～の"の英訳

英語の前置詞は，冠詞と同様，日本人英語学習者にとっては頭の痛い学習課題である．take care of/ take ～ into account/ take ～ for granted など熟語として覚えた表現では，前置詞を間違って使う例は少ないが，名詞＋前置詞＋名詞のようなパターンの場合，どの前置詞を使うのがよいのか，迷うことが多いはずだ．以下の日本語表現（名詞＋「の」＋名詞）に相当する自然な英語表現を苦労なく生成するためには，前置詞の用法に相当習熟していることが求められる．

1: 肺癌の患者　2: 腹痛の薬　3: 年齢の差異
4: 血圧の変化　5: ウサギの実験　6: 新薬の実験
7: 化学の実験　8: 終末期の患者　9: 精神医学の本
10: ラバとロバの違い　11: カズオイシグロの小説
12: 京都（出身）の人　13: 博物館の入り口
14: 肝移植手術の理由　15: 鴨川の橋
16: 京都のガイドブック　17: SARS の懸念
18: 地球温暖化の解決策　19: ダイアナ妃死因の調査
20: 成功の秘訣

上記の日本語表現は，以下のような英語表現になる．

1: a patient **with** lung cancer
2: medicine **for** a stomachache
3: a difference **in** age　4: changes **in** blood pressure
5: an experiment **on** rabbits
6: an experiment **with** new drugs
7: an experiment **in** chemistry

8: patients **at** the end of their life
9: a book **on** psychiatry
10: the difference **between** a mule and a donkey
11: a novel **by** Kazuo Ishiguro　12: a man **from** Kyoto
13: the entrance **to** the museum
14: a reason **for** liver transplantation
15: a bridge **over** the Kamo River　16: a guide **to** Kyoto
17: a concern **about** SARS
18: solutions **to** global warming
19: an investigation **into** Princess Diana's death
20: the key **to** success

日本語の助詞「の」は，日本語の世界では非常に出番が多く，上記の多用な表現をカバーしていて，名詞を修飾する場合には，万能選手とまではいかなくても，これ1つで大概事足りることがわかる．一方，上記の英語表現からわかる通り，「の」の直訳として日本人に頻繁に利用される前置詞 of は，ここでは意外なことに出番がない．むしろ，不用意に of を使ってしまうと，前置詞の誤用となり，意味の誤解を生じることになる．

「こころ変わり」が英語では，a change of mind/heart と表現されるので，「血圧の変化」は，changes of blood pressure と表現しても日本人には違和感がない．また「～の実験」に相当する表現では，on/with/in と3通りの前置詞が使い分けられているから厄介である．英語では，日本語の助詞「の」に相当する前置詞が多様であるため，日本人学習者には，前置詞の意味の差異に敏感に反応し，適切な使用を心がけることが求められる．

★ 前置詞の誤用が招く思わぬ誤解

冠詞の誤用と同様，日本人英語にみられる前置詞の誤用は，意味の正確な伝達に支障をきたしている，と日本の大学で教鞭を執る私の友人（イギリス人）は断言する．

前置詞の用法を多少間違ったくらいで，目くじらを立てることはない，意味・意図は伝わるはずだ，という意見もあるかもしれないが，学術論文においては，前置詞の誤用が思わぬ誤解を生じることになりかねない．

以下は，実際に学術論文のコーパスで検出された，日本人研究者によって書かれた英文を，前置詞の用法をそのまま採用し，一部改変したものの，原文をほぼ忠実に再現したものである．

> Of the six patients receiving the treatment, three **died of** renal failure, two **died from** a heart attack and the other **died for an unknown cause**.

おそらく，「… 3 人が腎不全で死亡し，2 人が心臓発作で亡くなり，そしてもう 1 人が原因不明で亡くなった」ということを伝えるのが意図されていたと想像する．そして die の直後の前置詞 of の繰り返しが文章を単調にさせると判断されたためか，二度目には from を，そして最後の事例では for this reason などでお馴染みの，原因・理由を述べる場合に使われる前置詞 for が採用されたのであろう．

通常，「病気などが原因で死ぬ」場合は，die of を使うのが医学関連学術論文では一般的であり，この表現の頻度が一番高い． die from も，辞書で用例が確認されるように，実際には使われており，学術論文のなかでも die of と同じ意味で使われているのが確認できる．ただし，英米人の学術論文では die from は，die of の頻度と比べると半分以下の出現頻度であり，日本人英語論文で多数確認されるのと対照的である．そこで，上記の例文にあるように，die of，die from 以外の表現 die for が出現すると，病気以外の全く違った原因・理由を伝えようとしていると理解されることになる．die for の用例を辞書で探すと，大概 die for their faith/ a cause/ freedom/ their country などの表現が取り上げられている．要するに，信仰・大儀・自由・国のために命を落とす，という場合に使うのが die for ～である．上記の英文に戻ると，「3 人が腎不全で死亡し，2 人が心臓発作で亡くなり，そしてもう 1 人は理由不明だがある大儀（cause）

を通すため命を落とした」という意味になる．もしこれが臨床医の報告であれば，最後の1人は，信仰上の理由か何かで治療を拒んで，その結果亡くなったのだと取られかねない英文である．素直に，died from an unknown cause としなかったばかりに，思わぬ誤解を招くことになる．前置詞の誤用恐るべしである．

★ 前置詞学習の難しさ

一般に，前置詞の誤用については，上記のような大きな失敗をしたという自覚があまり学習者側にないため，失敗に学ぶ，ということが期待できない．学術論文に耐えうる英語を書くためには，前置詞のセンスを磨くことが肝要である．ちょうど，日本語を学ぶ外国人留学生が，日本語の「は」と「が」の差異を理解し，正しく使い分けなければ，日本語でまともな論文を書くことができないのと同じである．外国人留学生には，日本人との宴席の後で，くれぐれも，「私が払います」とは言わないようにと注意を促している．「私は払います」という表現とでは，日本人の反応，宴会の後の財布の中身に，劇的な変化を生じるであろうから．

前置詞習得の困難さは，日本語の助詞の習得に苦労する外国人にはよく理解されるだろうと思われる．「父に電子辞書をもらいました」と「父に電子辞書をあげました」は，どちらも「に」という助詞が使われているが，英語では前者の場合 from，後者の場合には to で表され，全く別個の，しかも逆の意味をもつ前置詞が使われる．一見単純に思われる前置詞（助詞）の多義性は，いつまでも学習者を悩ませる．あるいは，前置詞に対する日本人学習者の戸惑いは，日本語の名詞に数詞を付けた表現をする場合に外国人が苦労するのと似ているかもしれない．数に言及する場合に，日本語ではいちいち個別に，鉛筆 1 本，文庫本 2 冊，椅子 1 脚，象 3 頭，ねずみ 1 匹，ツバメ 1 羽，手紙 1 通，家 1 軒，粉薬 1 服，靴 1 足，皿 5 枚，車 3 台などのように，適切な表現を習得する必要がある．しかし，これらは，日本人にとってはごくごく当たり前の表現であり，これらを使い分けることに苦労することはまずない．口語では，鉛筆 1 つ，文庫本 2 つ，椅子 1 つなどと簡便な表現も可能であるが，それでも象 3 つ，車 3 つなどと表現すると，許容の範囲を超えてしまう．英語の前置詞についても，同様に，場合によっては許容の範囲内ということもあるが，学術論文などでは，誤解を招かない的確な表現を求められるのは当然のことであり，前置詞の適切な使用は，日頃日本人学習者にあまり意識されていないだけに，重要課題である．

★ 注意すべき前置詞の使い分け

前置詞が包含する，意外とも言える多用な意味について，無頓着でいると，次のような英文に接してその意味の解釈で一瞬戸惑うことになる．

A love of nature is important.

一見して，単純な英文であるが，「自然の愛は大切である」という日本語訳をする学習者は案外多い．しかしこの日本語表現は，解釈を巡って論争が生じそうである．「自然の愛」を「自然界からの恩恵」と解釈する余地があるし，実際にそのように解釈している学習者にこれまで頻繁に遭遇している．この場合，love は動詞形があることからも，love と nature は動詞と目的語の関係になっていると解釈すべきである．だから，名詞の love を動詞として訳し，「自然を愛することが大切である」と訳出すると，明快な解釈になる．これは，まだ私が大学に入学して間もない頃に，恩師から「名動説（名詞は動詞のように訳をして意味を明確にとらえるのがよい）」として教えられた，英文解釈の基本中の基本である．

一方, 次のような頻出日本語表現はどのような英文になるだろうか．

「私は，平成大学の学生です」

前置詞の用法に無頓着でいると，I am a student of Heisei University. という英文を生成しそうである．残念ながら，この英文は標準的な表現とは異なる．通常なら，I am a student at Heisei University. と表現される．a student of の場合は，直後に専攻科目などが来るので，I am a student of medicine. という表現になり，所属大学を付記する場合は，at Heisei University. という具合に大学名がその後に付記されることになる．of の安易な利用から脱却して，英語の前置詞は適材適所で使われることを再度確認しておきたい．

A）complain of/about の使い分け

前置詞の用法に習熟してくると，次の英文の後続部分の内容を類推することができる．

（ア）Mr. Smith complains of pressure ....
（イ）Mr. Smith complains about pressure ....

上記 2 つの英文に接すると，英語を母国語としていれば，即座に以下のような内容が後続することを連想すると思われる．すなわち，（ア）の直後には（a）を，一方（イ）の直後には（b）のような内容が来ることを予感する．

（a）in the abdomen, nausea, and vomiting.
（b）from congressional staff to pay for their food and drinks.

辞書の解説だけでは，complain of と complain about の違いについてはあまりはっきりしない．しかし，実際に医学関連の学術論文を検索してみると，通常「病状を訴える」場合には，ほとんど例外なく，complain of が使われていることが確認できる．だから，以下のような表現は奇異に映るはずである．文法的に正しく，しかも辞書の解説からも，間違いとは指摘しにくい表現であるが，言語使用の実際からは，やはり逸脱した表現であると言える．

Mr. Smith complains of the weather.
Mr. Smith complains about nausea.

これらは，聞き手（読み手）の予測・期待を裏切っている点で，非常に落ち着きの悪い英文である．complain of と，あえて about ではなく of が使われているのだから，聞き手は病状などが話題に出てくると期待するはずである．ちょうど，「前田君は英語の授業に出ていましたよ」と「前田君は英語の授業には出ていましたよ」とが，わずか「は」の挿入だけで，後者は，聞き手に「しかし，…」と何かよからぬことが背景にあることを想像させるのと似ている．言葉とは実に奥行きが深い．

B）about と on の使い分け

もう 1 つ，日本人が曖昧に理解している，あるいは誤解している前置詞を取り上げてみよう．先の例で示したように，「精神医学の本」は，「精神医学についての本・精神医学に関する本」ということで，英語では通常 a book on psychiatry となる．しかし，日本人の発想からは，a book about psychiatry という表現も考えられる．前置詞 about と on は，いずれも，「～について・～に関して」という意味で記憶され，両者はほとんど意味としては同値であり差異がないと合点し，この 2 つの前置詞の使い分けについては深く考えたことがない学習者が圧倒的に多いと思われる．図 1 は，日本人英文コーパスから，「～についての研究/～に関する研究」に相当する表現と思われる study about の用例を検出したものである．

```
1 ...                                        A study about the desensitization therapy c...
2 ...tion, this study suggests that a cohort study about the progress of arteriosclero...
3 ...                (PURPOSE): A comparative study about the contractility of the exte...
4 ...not done, then, we must have controlled study about efficacy of plasmapheresis fo...
5 ...l 320 were compared in a prospective CT study about their imaging quality.       ...
```

図 1 ● 日本人英文コーパス：study aboutのコンコーダンスの一部

これらの用例は，残念ながらいずれも非標準である．on は about と比較して，通常「専門的な内容について（関して）」という意味合いが強く，対象の的が絞られている場合に使われるので，study/research/experiment など，研究に直結している単語などの直後には，on が好んで使われ，about の出る幕はあまりない．日本人の英語論文タイトルなどで，a study about beam physics/a research about marine biology というような表現をみかけることがあるが，これらはいずれも about の代わりに on/of を使うのが標準的である．前置詞の違いが生み出す微妙な意味の差異に敏感にならねばならない．

C）experiment on/with/in の使い分け

さらに，このコラムの冒頭で「の」の訳出例のなかで紹介した表現，experiment on/with/in における on/with/in の使い分けを確認しておきたい．いずれも，それぞれの前置詞の本来の意味を考えると，意味がはっきりしてくる．on は，「～に対して」だから，実験対象について言及している．with は，「～を使って」だから，実験用の器具・材料について言及している．そして，in は「～のなかで」という意味合いだから，実験の分野について言及している．以下は，インターネット上で検索した結果のなかから，これらの解説を明確に支持している表現を抽出したものである．

Experiment on Animals　（動物を対象にした実験）
Experiment with Genetically Engineered Food
（遺伝子改変食物を使った実験）
Experiment in Medicine　（医学分野における実験）

差異は，場合によっては微妙であるが，基本的な意味を押さえ理解しておくことが肝要である．前置詞の意味を重視した日本語対訳を付記しておいたが，口語では，すでに紹介した通り，すべて「～の実験」と訳出できるので，うっかりすると前置詞の語感を鍛える機会を逸することになる．

D）change of/in の使い分け

最後に，日本人による前置詞の誤用の典型的な例として，change of/in における，of と in の使い分けを確認しておきたい．英語を母国語とする研究者らの英文からなる LSDmini コーパスと日本人英文コーパスを利用して，change in / change of の頻度を調査した結果は，表1に示す通りである．

表1 ● change in / change of の頻度比較

	LSDminiコーパス	日本人英文コーパス
change in	1,531	1,504
change of	136	1,004

注：いずれのコーパスも総語数約1千万語

この表は，日本人がいかに，change of を多用しているかを如実に示している．もちろん，change of という表現は，英語として非標準ではないので，用法に間違いがなければ，上記の数値は問題にするには及ばない．図2は，日本人英文コーパスから，change of の用例を抽出し，その一部を示したものである．

```
83 ...                          Therefore, the change of blood flow in the collapsed lun...
84 ...thoracotomized lung was obstructed, the change of blood flow in the lung containi...
85 ...                     To investigate the change of blood flow of the gastrointesti...
86 ...void these complications, the secondary change of blood flow should be examined p...
87 ...arily and then decreased in spite of no change of blood Hb level.                 ...
88 ...                      ABP volume (ml), change of blood hemoglobin level (C-Hb), ...
89 ...al blood flow following CO2 inhalation, change of blood pressure (autoregulation)...
90 ...                                    The change of blood pressure caused by inferi...
91 ...nto mice  ddY,(6-8-weeks-olds), and the change of blood pressure was observed for...
92 ...                During DHF with DMX-F, the change of blood pressure was remarkable b...
93 ...                                    The change of blood pressure, heart rate and ...
94 ...ships between the number of RBC and the change of blood sugar, and between the nu...
```

図2 ● 日本人英文コーパス：change of のコンコーダンスの一部

ここでは，change of の直後に，血液に関連する語(句)が来ている用例のものを取り上げている．これらは，個別に精査が必要であるが，ほとんどが数値の変化について言及していると思われる．通常なら，数値などの変化に言及するものであれば，change in で表現されるはずである．ただし，blood flow が，血流の量ではなく，血流の流れ方・様態という意味であれば，血流の流れ方・様態そのものが変容した，という意味に解釈することができ，change in に変更すると，全く伝えられる意味が変化してしまうことになる．このように，change in は，主として量的な変動・変化について言及する場合に好んで使われる．change と同様に，量的な変動・変化に言及するときに使われる単語，difference/increase/decrease/reduction などの直後でも，in は頻出であることを確認しておきたい．

図3は，LSDmini コーパスから change of の用例を抽出したものである．

```
60 ...ate higher k(off) rates, resulting in a change of binding affinity.               ...
61 ...arge and hydrophobicity, resulting in a change of cellular localization.          ...
62 ... +) cells inside the tumor resulted in a change of cytokine milieu and led to the ...
63 ...the liver isoform of CPTI resulted in a change of its kinetic properties close to...
64 ...zones of a growth plate may result in a change of matrilin oligomeric forms durin...
 :                                          :
67 ...esting that this mutation resulted in a change of specificity affecting the selec...
68 ...ergy and apoptosis in NK cells and in a change of the NK phenotype from CD16+ CD5...
69 ...tion of His447 to an amide results in a change of the rate-determining step from ...
70 ...ressive feedback loop that results in a change of the Wingless signalling profile...
71 ... cancer, future studies may result in a change of this standard.                  ...
```

図3 ● LSDminiコーパス：change of のコンコーダンスの一部

ここで示されている用例からも推測できるように，change of は，性質・形状・内容そのものの「修正・変更・改変」などについて言及する場合に好んで使われる．図2の用例でみられるように，本来change in で表現されるべきところを，change of で表現している多数の実例は，日本人英語学習者にみられる，前置詞の誤用の典型的な例であるので，特に注意したいものである．

（大武　博）

付　録

論文でよく用いられる熟語

ここでは，論文でよく用いられる熟語・連語のうち他の章で取り上げなかったものをまとめる．

		用例数
in the **absence** of ～	～の非存在下において	6,592
after **adjusting** for ～	～に対して調整したあとに	233
after **adjustment** for ～	～について調整したあと	652
in good **agreement** with ～	～とよく一致している	164
in **association** with ～	～と関連して	599
in an **attempt** to ～	～しようとして	332
at the **base** of ～	～の基部に	133
on the **basis** of ～	～に基づいて	2,367
at the **beginning** of ～	～の始めに	130
when **bound** to ～	～と結合したとき	181
in the **case** of ～	～の場合に	680
in the **center** of ～	～の中央に	110
in **combination** with ～	～と組合わせて	1,336
when **combined** with ～	～と組合わせると	226
in **common** with ～	～と共通した	107
in **complex** with ～	～と複合した	409
at a **concentration** of ～	～の濃度で	111
in **concert** with ～	～と協調して	282
under **conditions** of ～	～の条件下で	419
under the same **conditions**	同じ条件下で	153
in **conjunction** with ～	～と組合わせて	948
as a **consequence** of ～	～の結果として	379
in **contact** with ～	～と接触して	165
in the **context** of ～	～との関連で	1,359
within the **context** of ～	～という脈絡のなかで	124

under the **control** of ～	～の制御下で	639
after **controlling** for ～	～に対して調節したあとで	155
during the **course** of ～	～の経過の間に	290
in the **course** of ～	～の経過において	260
over the **course** of ～	～の経過の間に	157
at a **dose** of ～	～の用量で	132
in an **effort** to ～	～しようとして	413
at the **end** of ～	～の終わりに	592
to this **end**	この目的のために	209
lines of **evidence**	一連の証拠	359
for **example**	例えば	1,269
in **excess** of ～	～を超えて	158
in the **face** of ～	～に直面して	159
in **favor** of ～	～を支持する	156
in the **form** of ～	～の形で	356
give rise to ～	～を生じる	543
for **instance**	例えば	112
to our **knowledge**	われわれの知る限りでは	398
in **light** of ～	～に照らして	315
shed **light** on ～	～を解明する	191
in a **manner** similar to ～	～に似た様式で	192
by **means** of ～	～を用いて	782
in the **middle** of ～	～の中央に	139
on the **order** of ～	～のオーダーで	129
in **order** to ～	～するために	1,976
at least in **part**	少なくとも一部は	917
in **place** of ～	～の代わりに	279
in the **presence** of ～	～の存在下で	8,109
during the **process** of ～	～の過程の間に	104
in **proportion** to ～	～に比例して	91
in close **proximity** to ～	～のすぐ近くに	197
for the **purpose** of ～	～のために	84
raises the **possibility** of ～	～の可能性を示唆する	36
raise the **possibility** that ～	～という可能性を示唆する	298
raises the **question** of ～	～という疑問を提起する	46

at a **rate** of ～	～の速度で/～の割合で	146
with **regard** to ～	～に関して	444
with **respect** to ～	～に関して	2,069
in **response** to ～	～に応答して	8,464
as a **result** of ～	～の結果として	1,205
at **risk** for ～	～の危険がある	249
at high **risk** for ～	～の高い危険がある	155
as a first **step**	最初のステップとして	101
in **support** of ～	～を支持して	367
take advantage of ～	～を利用する	88
take into account ～	～を考慮に入れる	68
takes place	起こる	269
in **terms** of ～	～に関して	1,683
at any **time**	どの時点においても	100
for the first **time**	初めて	1,362
at the same **time**	同時に	341
by **use** of ～	～を使って	526
in **view** of ～	～を考慮して	181
by **virtue** of ～	～のおかげで	237

		用例数
in the absence of ～	～の非存在下において	6,592

In the absence of Cks1, neither Cdc28 nor the proteasome can be recruited. (*Mol Cell. 2005 17:145*)

訳 Cks1 の非存在下において

after adjusting for ～	～に対して調整したあとに	233

After adjusting for age and sex, the CVD mortality association was strongest in the subgroup of patients who were RF positive at baseline. (*Arthritis Rheum. 2005 52:2293*)

訳 年齢と性別について調整したあとに

付録

after adjustment for ～　　～について調整したあと　　652

After adjustment for age and gender, contact lens wearers were shown to be more likely to experience frequent symptoms and an increase in symptoms throughout the day. (*Invest Ophthalmol Vis Sci. 2005 46:1911*)
訳 年齢と性別について調整したあと

in good agreement with ～　　～とよく一致している　　164

Experimental results are **in good agreement with** the analytical predictions. (*Anal Chem. 2002 74:4259*)
訳 実験結果は，分析的予測とよく一致している

in association with ～　　～と関連して　　599

Reduced levels of vascular endothelial growth factor mRNA were found **in association with** high levels of endostatin. (*Cancer Res. 2002 62:3934*)
訳 低下したレベルの血管内皮増殖因子メッセンジャー RNA が，高いレベルのエンドスタチンと関連してみつけられた

in an attempt to ～　　～しようとして　　332

In an attempt to identify upstream mediators, we investigated Cav-2 tyrosine phosphorylation in an endogenous setting. (*Biochemistry. 2004 43:13694*)
訳 上流の調節因子を同定しようとして

at the base of ～　　～の基部に　　133

By contrast, the Ile56Thr mutation is located **at the base of** the β-domain and is involved in the domain interface. (*Biochemistry. 1999 38:6419*)
訳 Ile56Thr 変異は，β-ドメインの基部に位置する

on the basis of ～　　～に基づいて　　2,367

On the basis of the results of this analysis, an NHBD isolated islet allo

graft was performed in a type I diabetic. (*Transplantation. 2003 75:1423*)
訳 この分析の結果に基づいて

at the beginning of ～ ～の始めに 130

At the beginning of treatment, 77.5% of the patients reported suicidal ideation, thoughts of death, or feelings that life is empty. (*Arch Gen Psychiatry. 2003 60:610*)
訳 治療の始めに

when bound to ～ ～と結合したとき 181

TGIF2 and TGIF have very similar DNA-binding homeodomains, and TGIF2 represses transcription when bound to DNA via a TGIF binding site. (*J Biol Chem. 2001 276:32109*)
訳 TGIF 結合部位を経て DNA に結合したとき，TGIF2 は転写を抑制する

in the case of ～ ～の場合に 680

In the case of the low density lipoprotein receptor (LDLR), SREBP cooperates with the specificity protein Sp1 to activate the promoter. (*J Biol Chem. 2006 281:3040*)
訳 低密度リポタンパク質受容体（LDLR）の場合に

in the center of ～ ～の中央に 110

Myopodin can directly bind to actin and contains a novel actin binding site in the center of the protein. (*J Cell Biol. 2001 155:393*)
訳 ～は，そのタンパク質の中央に新規のアクチン結合部位を含む

in combination with ～ ～と組合わせて 1,336

It is hoped that these agents inhibit the neoplastic process either alone or in combination with other agents, and ameliorate the side effects of cancer therapy. (*Lancet Oncol. 2003 4:565*)
訳 これらの薬剤は，単独であるいは他の薬剤との組合わせで腫瘍形成過程を抑制する

when combined with ～ ～と組合わせると 226

Genetic markers such as CARD15/NOD2 may be useful in the future when combined with other markers to predict disease course. (*Curr Opin Gastroenterol. 2004 20:318*)

訳 疾患の経過を予測する他のマーカーと組合わせると

in common with ～ ～と共通した 107

The GTPase domain contains features in common with all G-proteins and is required for Era function *in vivo*. (*Mol Microbiol. 1999 33:1118*)

訳 GTP 加水分解酵素ドメインは，すべての G タンパク質と共通する特徴を含む

in complex with ～ ～と複合した 409

Here, we report the crystal structure of the TSG101 UEV domain in complex with ubiquitin at 2.0 Å resolution. (*Mol Cell. 2004 13:783*)

訳 われわれは，ユビキチンと複合した TSG101 の UEV ドメインの結晶構造を報告する

at a concentration of ～ ～の濃度で 111

Rh800 was detected at a concentration of as low as 2μM in both media. (*Anal Biochem. 2000 279:142*)

訳 Rh800 は，2μM までも低い濃度で検出された

in concert with ～ ～と協調して 282

Furthermore, we demonstrate that E47 can act in concert with Bcl-2 to induce cell-cycle arrest *in vitro*. (*EMBO J. 2004 23:202*)

訳 E47 は，Bcl-2 と協調して働きうる

under conditions of ～ ～の条件下で 419

Under conditions of reduced sialylation, the β1-induced gating effect was eliminated. (*J Biol Chem. 2004 279:44303*)

訳 低下したシアリル化の条件下において，β1 に誘導されるゲーティング効果が除去された

under the same conditions 同じ条件下で 153

Under the same conditions, A$\beta_{1\text{-}40}$ shows no detectable oligomers by size exclusion chromatography. (*Biochemistry. 2005 44:6003*)

訳 同じ条件下で

in conjunction with ～ ～と組合わせて 948

Opioids are often used **in conjunction with** nonsteroidal anti-inflammatory drugs (NSAIDs) in the treatment of moderate to severe pain. (*Brain Res. 2005 1040:151*)

訳 オピオイドは，しばしば非ステロイド性抗炎症薬（NSAID）と組合わせて使われる

as a consequence of ～ ～の結果として 379

Cystic fibrosis commonly occurs **as a consequence of** the δF508 mutation in the first nucleotide binding fold domain (NBF-1) of CFTR. (*Biochemistry. 2002 41:11161*)

訳 嚢胞性線維症は，通常，δF508 変異の結果として起こる

in contact with ～ ～と接触して 165

Both subunits of the OD1 dimer are **in contact with** DNA. (*Mol Cell Biol. 1996 16:3106*)

訳 OD1 ダイマーの両方のサブユニットは，DNA と接触している

in the context of ～ ～との関連で 1,359

These findings are discussed **in the context of** models of FAK regulation by its FERM domain. (*Mol Cell Biol. 2004 24:5353*)

訳 これらの知見は，～による FAK 調節のモデルとの関連で議論される

within the context of ～ ～という脈絡のなかで 124

The implications of these results are discussed **within the context of** MUC1 breast cancer vaccine design. (*Biochemistry. 2003 42:14293*)

訳 これらの結果の意味が，MUC1 乳癌ワクチン設計という脈絡のなかで議論される

付録

under the control of ～ ～の制御下で 639

Previously, we have shown that expression of this efflux pump is **under the control of** a transcriptional repressor named CmeR.（*J Bacteriol. 2005 187:7417*）

訳 この流出ポンプの発現は，CmeR と命名された転写抑制因子の制御下にある

after controlling for ～ ～に対して調節したあとで 155

After controlling for age and gender in a multivariate analysis, thoracic aortic distensibility was a significant predictor of peak exercise oxygen consumption.（*J Am Coll Cardiol. 2001 38:796*）

訳 多変量解析において年齢および性別に対して調節したあとで

during the course of ～ ～の経過の間に 290

Dysregulation of the fibrinolytic system developed **during the course of** infection, including a rapid decrease in plasma levels of protein C.（*J Infect Dis. 2003 188:1618*）

訳 感染の経過の間に線溶系の調節不全が発生した

in the course of ～ ～の経過において 260

Venous thrombotic events occur early **in the course of** SLE.（*Arthritis Rheum. 2005 52:2060*）

訳 静脈性血栓の発症は，全身性エリテマトーデスの経過において早期に起こる

over the course of ～ ～の経過の間に 157

Organization of Kenyon cell axons into the adult pattern of laminae occurs gradually **over the course of** nymphal development.（*J Comp Neurol. 2001 439:331*）

訳 ～が，若虫発生の経過の間に徐々に起こる

at a dose of ～	～の用量で	132

Exemestane was administered at a dose of 25 mg/d orally until patients experienced disease progression. (*J Clin Oncol. 1999 17:3418*)

訳 エキセメスタンが，1 日につき 25 mg の用量で経口的に投与された

in an effort to ～	～しようとして	413

In an effort to understand the roles of these residues in enzyme activity, new mutants carrying other residues in one of these three sites were generated. (*Biochemistry. 2005 44:6837*)

訳 酵素活性におけるこれらの残基の役割を理解しようとして

at the end of ～	～の終わりに	592

Histology of islet grafts was assessed at the end of the study. (*Transplantation. 2004 77:55*)

訳 膵島移植の組織像が，研究の終わりに評価された

to this end	この目的のために	209

To this end, we generated a gene-targeted allele of Fu in mice. (*Mol Cell Biol. 2005 25:7042*)

訳 この目的のために，

lines of evidence	一連の証拠	359

Several lines of evidence suggest that cone opsins regenerate by a different mechanism. (*Biochemistry. 2005 44:11715*)

訳 いくつかの一連の証拠は，～ということを示唆する

for example	例えば	1,269

For example, members of a few genera produce hepatotoxic microcystins, whereas production of hepatotoxic nodularins appears to be limited to a single genus. (*Proc Natl Acad Sci USA. 2005 102:5074*)

訳 例えば，

in excess of ～　　～を超えて　　158

Although the activity of Pol is inhibited by salt concentrations in excess of 50 mM KCl, the activity of the holoenzyme is relatively refractory to changes in ionic strength from 50 to 125 mM KCl. (*J Virol. 2002 76:10270*)

訳 Pol の活性は，50 mM KCl を超える塩濃度によって抑制される

in the face of ～　　～に直面して　　159

Here we examine longitudinally the mechanisms by which glucose tolerance can be maintained in the face of substantial insulin resistance. (*Diabetes. 2000 49:2116*)

訳 われわれは，実質的なインスリン抵抗性に直面して糖耐性が維持されうる機構を長期的に調べる

in favor of ～　　～を支持する　　156

This study provides evidence in favor of a role for reactive nitrogen and oxygen species in lung cancer. (*Am J Respir Crit Care Med. 2005 172:597*)

訳 この研究は，肺癌における活性窒素種および活性酸素種の役割を支持する証拠を提供する

in the form of ～　　～の形で　　356

In the form of a heterodimer, they drive transcription from E-box enhancer elements in the promoters of responsive genes. (*Genes Dev. 2003 17:1921*)

訳 ヘテロダイマーの形で，それらは E ボックスエンハンサー配列からの転写を駆動する

give rise to ～　　～を生じる　　543

Chronic renal failure can give rise to a wide spectrum of oral manifestations, affecting the hard or soft tissues of the mouth. (*J Dent Res. 2005 84:199*)

訳 慢性腎不全は，広範な口腔症状を生じうる

for instance	例えば	112

For instance, we recently found that the CDC-14 phosphatase promotes maintenance of the quiescent state. (*Oncogene. 2005 24:2756*)

訳 例えば,

to our knowledge	われわれの知る限りでは	398

To our knowledge, this is the first report of a nutrient affecting IFN-γ signaling and *in vivo* responsiveness to this cytokine. (*J Infect Dis. 2005 191:481*)

訳 われわれの知る限りでは，これは～の最初の報告である

in light of ～	～に照らして	315

The results from our models are discussed **in light of** published data. (*J Theor Biol. 2005 235:305*)

訳 われわれのモデルからの結果が，発表データと照らして議論される

shed light on ～	～を解明する	191

In this study, we **shed light on** the mechanisms underlying gentamicin-induced hearing loss. (*Proc Natl Acad Sci USA. 2005 102:16019*)

訳 われわれは，～の根底にある機構を解明する

in a manner similar to ～	～に似た様式で	192

The fusion ERs interacted with ERE and E2 **in a manner similar to** that observed with the ER dimers. (*Mol Cell Biol. 2004 24:7681*)

訳 ER ダイマーに観察されるそれに似た様式で

by means of ～	～を用いて	782

Levels of IgG antibody in the GCF were assessed **by means of** an ELISA and compared with serum for determination of local elevations. (*J Dent Res. 2000 79:1362*)

訳 GCF における IgG 抗体のレベルが，ELISA を用いて評価された

in the middle of ～	～の中央に	139

We used interspecific backcross analysis to determine that murine Hnf6 gene is located in the middle of mouse chromosome 9. (*Dev Biol. 1997 192:228*)

訳 マウス Hnf6 遺伝子は，マウス第 9 染色体の中央に位置する

on the order of ～	～のオーダーで	129

With physiological levels of glycine, neurotoxic concentrations of homocysteine are on the order of millimolar. (*Proc Natl Acad Sci USA. 1997 94:5923*)

訳 ホモシステインの神経毒性濃度は，ミリモル濃度のオーダーである

in order to ～	～するために	1,976

In order to determine whether the effect of heterologous DNA was specific to the Hb receptor, HmbR, we constructed a Universal Rates of Switching cassette (UROS). (*Mol Microbiol. 2004 52:771*)

訳 ～かどうかを決定するために

at least in part	少なくとも一部は	917

These effects are mediated at least in part by elevated levels of interleukin 6 (IL-6). (*Blood. 2005 106:879*)

訳 これらの効果は，少なくとも一部は上昇したレベルのインターロイキン 6 (IL-6) によって仲介される

in place of ～	～の代わりに	279

In control experiments, chymotrypsin was used in place of trypsin. (*J Biol Chem. 1999 274:30190*)

訳 キモトリプシンが，トリプシンの代わりに使われた

in the presence of ～	～の存在下で	8,109

These inhibitory activities are no longer observed in the presence of lithium, a GSK3β inhibitor. (*J Biol Chem. 2005 280:2388*)

訳 これらの抑制活性は，リチウムの存在下ではもはや観察されない

during the process of ～　　～の過程の間に　　104

A variety of molecular changes occur **during the process of** apoptosis. (*J Biol Chem. 1999 274:30580*)

訳 さまざまな分子変化が，アポトーシスの過程の間に起こる

in proportion to ～　　～に比例して　　91

Serum leptin increased **in proportion to** body weight. (*J Clin Invest. 1997 99:385*)

訳 血清レプチンは，体重に比例して増大した

in close proximity to ～　　～のすぐ近くに　　197

In PP1, the potential redox active site is located **in close proximity to** the phosphatase active site. (*FASEB J. 1999 13:1866*)

訳 潜在的なレドックス活性部位は，ホスファターゼ活性部位のすぐ近くに位置する

for the purpose of ～　　～のために　　84

Also, **for the purpose of** comparison, human serum albumin was analyzed in the plasma of healthy volunteers. (*Crit Care Med. 2005 33:1638*)

訳 比較のために

raises the possibility of ～　　～の可能性を示唆する　　36

Continued circulation of H5N1 and other avian viruses in Hong Kong **raises the possibility of** future human influenza outbreaks. (*Trends Microbiol. 2002 10:340*)

訳 ～は，将来のヒトインフルエンザの大流行の可能性を示唆する

raise the possibility that ～　　～という可能性を示唆する　　298

These results **raise the possibility that** S1 plays little or no role in tmRNA-mediated tagging. (*Proc Natl Acad Sci USA. 2004 101:13454*)

訳 これらの結果は，～という可能性を示唆する

付録

raises the question of ～	～という疑問を提起する	46

This **raises the question of** whether M protein is also involved in the induction of apoptosis.（*J Virol. 2001 75:12169*）

訳 これは，～かどうかという疑問を提起する

at a rate of ～	～の速度で/～の割合で	146

DNA unwinding occurred **at a rate of** approximately 345 bp per min per monomeric enzyme molecule.（*J Virol. 1999 73:1580*）

訳 DNA の巻き戻しは，単量体の酵素分子あたり毎分およそ 345 bp の速度で起こった

with regard to ～	～に関して	444

The results are discussed **with regard to** a monkey model for neuropsychiatric disease.（*Behav Neurosci. 2002 116:378*）

訳 それらの結果は，精神神経疾患のサルのモデルに関して議論される

with respect to ～	～に関して	2,069

The present observations are discussed **with respect to** possible roles of octopamine in sensory integration and association.（*J Comp Neurol. 2005 488:233*）

訳 現在の観察が，～におけるオクトパミンのありうる役割に関して議論される

in response to ～	～に応答して	8,464

All living organisms alter their physiology **in response to** changes in oxygen tension.（*EMBO J. 2003 22:4699*）

訳 ～は，酸素分圧の変化に応答してそれらの生理機能を変化させる

as a result of ～	～の結果として	1,205

Initiation of the procoagulant response occurs **as a result of** local overexpression of tissue factor associated with factor Ⅶ.（*Crit Care Med. 2003 31:S213*）

訳 凝血原応答の開始は，第Ⅶ因子と結合する組織因子の局所の過剰発現の結果として起こる

at risk for ～ ～の危険がある 249

Survivors of childhood cancer are **at risk for** secondary breast cancer. (*Ann Intern Med. 2004 141:590*)

訳 小児癌の生存者は，二次性乳癌の危険がある

at high risk for ～ ～の高い危険がある 155

Measuring C-reactive protein (CRP) has been recommended to identify patients **at high risk for** coronary heart disease (CHD) with low LDL cholesterol (LDL-C). (*Circulation. 2004 109:837*)

訳 C 反応性タンパク質（CRP）を測定することは，冠動脈心疾患（CHD）の高い危険がある患者を同定するために勧められている

as a first step 最初のステップとして 101

As a first step toward understanding *in vivo* function, we have cloned 11 zebrafish anx genes. (*Genome Res. 2003 13:1082*)

訳 生体内での機能の理解へ向けての最初のステップとして

in support of ～ ～を支持して 367

In support of this hypothesis, we showed that ERK2 binds directly to a purified nucleoporin. (*Proc Natl Acad Sci USA. 2002 99:7496*)

訳 この仮説を支持して

take advantage of ～ ～を利用する 88

To address this issue, we **take advantage of** another Slo family member, the pH-regulated homolog Slo3. (*J Neurosci. 2004 24:5585*)

訳 われわれは，もうひとつの Slo ファミリーメンバーを利用する

take into account ～ ～を考慮に入れる 68

But to know how objects are moving in the world, we must **take into**

付録

account the rotation of our eyes, as well as the rotation of our head. (*Curr Biol. 2004 14:R892*)
訳 われわれは，われわれの眼の回転を考慮に入れなければならない

takes place	起こる	269

According to the prevailing hypothesis, this water flow **takes place** in a network of tubular conduits. (*Nature. 2005 433:618*)
訳 この水の流れが，管状の導管のネットワークにおいて起こる

in terms of ～	～に関して	1,683

Based on available crystal structure studies, this motif is discussed **in terms of** its functional consequences. (*Proc Natl Acad Sci USA. 2005 102:6401*)
訳 このモチーフが，それの機能的結果に関して議論される

at any time	どの時点においても	100

No viremia was observed **at any time**. (*Circulation. 2001 103:2283*)
訳 ウイルス血症は，どの時点においても観察されなかった

for the first time	初めて	1,362

Overall, these data demonstrate **for the first time** that ERK phosphorylation is required for the up-regulated expression of CD20 on B cell malignancies. (*J Immunol. 2005 174:7859*)
訳 これらのデータは，～ということを初めて実証する

at the same time	同時に	341

Incorporation of Nup153 occurs **at the same time** as lamina assembly. (*EMBO J. 2000 19:3918*)
訳 Nup153 の取り込みは，ラミナの構築と同時に起こる

by use of ～	～を使って	526

The expression of gp91^{phox} was assessed **by use of** Western blotting. (*Circulation. 2004 110:1140*)

訳 gp91^{phox} の発現がウエスタンブロッティングを使って評価された

in view of ～ ～を考慮して 181

In view of the fact that the motility of pathogens is essential to invade and establish systemic infections in host cells, this impairment in motility suggests a crucial and essential role of PPK or polyP in bacterial pathogenesis. （*J Bacteriol. 2000 182:225*）

訳 ～という事実を考慮して

by virtue of ～ ～のおかげで 237

The I-RNA appeared to inhibit IRES-mediated translation by virtue of its ability to bind a 52-kDa polypeptide which interacts with the 5' UTR of viral RNA. （*J Virol. 1996 70:1624*）

訳 52-kDa のポリペプチドに結合するそれの能力のおかげで，I-RNA は IRES に仲介される翻訳を抑制するように思われた

付録

索引

記号・欧文

【記号】

【A】

【B】

【C】

和　文

■ 編者略歴

河本　健（かわもと・たけし）
広島大学大学院医歯薬学総合研究科講師．広島大学歯学部卒業，大阪大学大学院医学研究科博士課程修了，医学博士．高知医科大学助手，広島大学助手を経て現職．専門は，生化学・口腔生化学．時計遺伝子群による概日リズム調節，間葉系幹細胞の再生医療への応用などを研究している．

ライフサイエンス論文作成のための英文法

2007年12月15日　第 1 刷発行
2021年　6月　1日　第10刷発行

編　集　河本　健
監　修　ライフサイエンス辞書プロジェクト
発行人　一戸裕子
発行所　株式会社　羊　土　社
〒 101-0052
東京都千代田区神田小川町 2-5-1
TEL　03(5282)1211
FAX　03(5282)1212
E-mail　eigyo@yodosha.co.jp
URL　www.yodosha.co.jp/
印刷所　凸版印刷株式会社

Printed in Japan
ISBN978-4-7581-0836-2